First marketing analysis
with Point of Sales data

POSデータで学ぶ
はじめての
マーケティングデータ分析

横山 暁　花井友美 共著
Satoru Yokoyama, Tomomi Hanai

本書に掲載されている会社名・製品名は、一般に各社の登録商標または商標です。

本書を発行するにあたって、内容に誤りのないようできる限りの注意を払いましたが、本書の内容を適用した結果生じたこと、また、適用できなかった結果について、著者、出版社とも一切の責任を負いませんのでご了承ください。

本書は、「著作権法」によって、著作権等の権利が保護されている著作物です。本書の複製権・翻訳権・上映権・譲渡権・公衆送信権（送信可能化権を含む）は著作権者が保有しています。本書の全部または一部につき、無断で転載、複写複製、電子的装置への入力等をされると、著作権等の権利侵害となる場合があります。また、代行業者等の第三者によるスキャンやデジタル化は、たとえ個人や家庭内での利用であっても著作権法上認められておりませんので、ご注意ください。

本書の無断複写は、著作権法上の制限事項を除き、禁じられています。本書の複写複製を希望される場合は、そのつど事前に下記へ連絡して許諾を得てください。

出版者著作権管理機構
（電話 03-5244-5088, FAX 03-5244-5089, e-mail : info@jcopy.or.jp）

JCOPY ＜出版者著作権管理機構 委託出版物＞

はじめに

近年、データサイエンスやそれを仕事とするデータサイエンティストという言葉が頻繁に聞かれるようになってきました。2013年5月には一般社団法人データサイエンティスト協会が設立されましたし、大学では2017年4月に日本初のデータサイエンス学部が滋賀大学に誕生し、それ以降、毎年のようにデータサイエンスに関連する学部学科が設置されています。また、政府も2021年2月に文部科学省が「数理・データサイエンス・AI教育プログラム認定制度」を開始し、世の中全体としてデータサイエンスを普及させていこうという動きになっています。

筆者（横山・花井）は大学のいわゆる文系学部の教員をしていますが、前述の認定制度を含め、理系学部だけではなく文系学部においてもデータサイエンスに関する教育の必要性がここ数年で高まっていると感じています。また、公私で交流のあるビジネスパーソンからは、ビジネスの場面においても、さまざまなデータを集計・分析して得られる情報をもとに経営やマーケティング的な観点で判断を行う必要性が高まってきている、と聞いています。

横山は、ゼミや授業において、POSデータを中心としたマーケティングに関するデータ分析を扱っています。データ分析といっても、統計解析や機械学習のような（数学的・理論的に）高度な分析ではなく、対象となるデータに対して目的や仮説を立て、その観点に沿ってごく基礎的なExcelを用いた集計（単純集計やクロス集計）を行いグラフとして可視化すること、また集計に伴う検定を行い目的や仮説に対して結果を導き出すことを行っています。

これらの内容でゼミや授業を実施していくにあたり、必要な知識・スキルは以下の3つであると考えています。

1. Excel（をはじめとするデータ集計・分析のソフトウェア）における単純集計・クロス集計のスキル
2. 平均や中央値、分散といった基本統計量に関する知識
3. 立てた仮説に対してデータをどういう観点で集計・分析すればよいか判断するスキル

それぞれについて理由を簡単に説明します。

1点目に関しては、データを集計するにあたり、最低限のExcelのスキルは必要です。とくにピボットテーブルを用いた集計や、グラフを作成する方法を知っておく必要があります。一方で、データ分析としてイメージされるような関数を使った集計方法や高度なExcelの操作は、さほど必要がないケースが大半です。

2点目に関しては、データを集計したときに、平均値や中央値、分散といったいわゆる基本統計量の算出は必要に応じて行うため、基本統計量がどういうものか知っておかなければなりません。しかし、それ以上の統計学に関する深い知識は、必ずしも必要というわけではないのが実情だと考えています（もちろん深い知識があるに越したことはありませんが）。

最後の3点目が、最も大事であると考えていることです。多くの場合、なんらかの目的や仮説を設定したうえで、データを集計・分析することになります。たとえば、POSデータのような売上記録データの分析の場合、「自社商品の売り上げがどうなっているか知りたい」という目的や、「ある店舗では自社商品の売り上げが少ないのではないか」という仮説が考えられます。POSデータでなくても、顧客満足度などのアンケート調査のデータの場合であれば、「自社の商品・サービスの満足度はどのくらいかを知りたい」という目的や、「満足度が低いのではないか」という仮説が考えられます。そして、これらの目的や仮説に対応するかたちで集計・分析を行うことになります。

このとき重要となるのは、「比較を行う」という観点です。たとえば、「自社商品の売り上げがどうなっているか」を集計して「30 代の男性に最も売れている」「1 年のうち 2 月が最も売れていない」などの結果が出たときに、即座に「自社商品は 30 代の男性に人気である」「自社商品は 2 月には売れない」と言ってよいのでしょうか？　もし他社商品を含めたデータを分析して「30 代の男性に売れている」「2 月が最も売れていない」という集計結果が出たのであれば、これらの特徴は自社商品特有のものではなく、当該商品全体のものとなります。つまり、単に自社商品だけで集計するのではなく、他社商品や全体の集計と比較する必要があります。このような「比較を行う」ことは、言われてみれば「確かに」と納得できることですが、実際にゼミや授業において学生に分析させると、この観点に気づかないことが多いように感じていました。

　また、集計によって得られた結果を理解し、必要な方法で表現することも大切です。データを表現するときに非常に有益な方法が、グラフにすることです。グラフ自体は小学校の算数から扱っている内容のはずですが、実はどういうデータのときにどのグラフを使うべきなのかを、きちんと学んできていないように感じていました。

　こういった背景があり、このような内容を網羅していて、データ集計の実践をしている本を探していました。Excel の操作に関する本や、Excel を使った統計解析・データ分析の本は多数出版されています。もちろんインターネットにも、これらに言及したさまざまな記事や動画が掲載されています。しかし、その多く（ほとんど？）が、Excel の操作であれば「関数を使った集計」や「標準のアドインである分析ツールを使った分析」の説明がなされていて、ピボットテーブルは扱っていませんでした。また、統計解析・データ分析であれば、「理論的な面に触れているもの」が多数派であり、私の目的を叶える本がありませんでした。

そこで、横山の前職で 2014 年度から 2016 年度まで同僚であった花井とともに、この本の執筆を企画しました。単に Excel の説明にならず、また統計の理論にあまりよらず、実践力を身につけることを意識して、

1. POS データ（のダミーデータ）を用い
2. 現実に近い分析のストーリーをもたせ
3. なるべく簡単な Excel 操作で
4. 分析の手順やコツを自然に学べる

というコンセプトで内容を構成しました。

各章の冒頭にストーリーが出てきて、そこで出された課題に沿って POS のダミーデータを集計・分析し、報告の資料を作成するという流れにしてあります。レベル感としては、大学でのデータリテラシーの授業の一貫として、ゼミ活動における準備段階として、企業における新人・若手研修の補助教材としてちょうどよいのではないかと考えています。本来、リアルな POS データを使うことができればよいのかもしれませんが、権利の関係上難しかったこともあり、ダミーデータをこちらで作成することになりました。この点はご容赦いただければと存じます。

本書では、POS データの単純集計やクロス集計、また集計結果のグラフ化や検定、データ間の相関や回帰について扱います。また、同時に購買されやすい商品に関する分析法や、POS データから得られる指標を使った解釈について扱います。ただし、統計学のテキストに出てくる平均値・中央値・分散といったいわゆる基本統計量の知識や、各分析における数式、統計分布の理論的な内容などについては、ほとんど扱いません。

これは本書が理論よりもデータの集計・分析の方法や、それによって得られた結果や指標の見かたを理解することを重視しているからです。もちろん理論的なことを知っておくに越したことはありませんが、数学が苦手な人にとっては、理論や数式を学ぶことは非常に大変です。その

ため本書では、これらのことを知らなくても問題ないように構成しています。もし本書を読んで理論に興味が出た場合には、巻末で紹介している推薦図書を読むとよいでしょう。

また、本書では、集計・分析に Microsoft Excel を利用します。集計・分析を行うにあたり重要な部分は操作説明を入れているので、Excel の操作が苦手な方でも読み進められるようになっています。また、Excel 以外のツール、たとえば Tableau（タブロー）のようないわゆる BI ツールを使うことも可能です。ただし使用するツールによって、できないことがある可能性はご承知おきください。なお、例外的に第 5 章のみ R という統計解析向けのプログラミング言語を利用しています。紙面の都合で R の使いかたの説明やプログラムのコードは掲載していませんが、読み進めるうえでは問題ないようになっています。もし実際に自分で分析してみたい場合は、オーム社のウェブサイトの本書のページで公開している資料をご覧いただければと思います。

なお、本書は Windows 11 で執筆や動作確認を行いました。他 OS の場合は一部 UI やショートカットキーなどが異なる場合があります。恐縮ですが、この点もご容赦いただきたく存じます。

最後に、本書の出版にあたり、企画段階からアドバイスをいただきました元日本経済新聞社の久慈未穂氏、マーケティングやマーケティングに関するデータ分析の利活用に関して貴重なアドバイスをいただいた青山学院大学経営学部マーケティング学科教授の芳賀康浩先生、また細かく原稿をチェックしていただいた青山学院大学大学院経営学研究科博士前期課程 1 年の羽鳥なの香氏に心から感謝いたします。また著者一同が遅々として原稿が進まないなか、辛抱強くお付き合いいただき、編集・校正にご尽力いただいたオーム社に深く感謝いたします。

2024 年 10 月

横山暁・花井友美

目　次

第 0 章　この本の読みかた

0-1　この本で学べること ……………………………………… 002

0-2　この本で扱う「POS データ」とはなにか ………………… 003

0-3　この本の流れ ………………………………………………… 004

第 1 章　「売り上げをまとめた資料を作っといて！」
─データを集計してみよう─

1-1　データの概要を知る ……………………………………… 007

　手順❶　データの大きさと内容を確認する ………………………… 007

　手順❷　データ内の項目の属性を確認する ………………………… 009

　手順❸　基礎集計を行ってデータの傾向を確認する ……………… 013

　Column 01　ピボットテーブルをコピーし別シートに値の貼り付け

　　　　　　　しておくことのススメ ……………………………… 017

1-2　資料作成に必要なデータを取り出す ……………………… 022

　手順❶　自社商品の売上金額と売上個数を算出する ……………… 022

　手順❷　月ごとの売上金額を算出する ……………………………… 024

　手順❸　時間帯ごとの売上金額を算出する ………………………… 025

1-3　集計結果をグラフで可視化する ………………………… 028

　手順❶　適切なグラフを選択する …………………………………… 028

　手順❷　棒グラフで商品／メーカーごとの売上金額を可視化する … 029

　Column 02　3D グラフを使うべきではない理由 ………………… 031

　Column 03　ピボットグラフ機能で作るグラフ ………………… 039

　手順❸　折れ線グラフで月／日／時間帯ごとの売上金額の推移を

　　　　　可視化する ………………………………………………… 040

1-4　提出用の資料を作成する ………………………………… 047

まとめ　適切な集計はマーケティングの第一歩 …………… 052

第2章 「売り上げ、顧客層で違うよね？」
―属性ごとに集計して検定してみよう―

2-1　自社商品における購入者の属性の違いを調べる ……… **055**

手順❶　自社商品における性別と年代ごとの売上金額の違いを調べる

……………………………………………………………………… 056

Column 04　誤読されにくいグラフを作るための配慮 ……………… 058

手順❷　自社商品における性別と年代ごとの売上個数の違いを調べる

……………………………………………………………………… 060

手順❸　自社商品における性別と年代ごとの販売回数の違いを調べる

……………………………………………………………………… 061

手順❹　自社商品の購入者について性別と年代の構成比率を調べる

……………………………………………………………………… 063

Column 05　横棒グラフの並び順の変更 ………………………………… 069

2-2　競合商品における購入者の属性の違いを調べる ……… **071**

手順❶　競合他社における性別と年代ごとの売上個数の違いを調べる

……………………………………………………………………… 071

手順❷　自社と競合他社における購入者の属性の違いを比較する … 072

2-3　購入者の属性による売り上げの違いが「本当にあるのか」
を調べる ……………………………………………………………… **074**

手順❶　本当に差があるかどうか調べる「統計的仮説検定」を知る … 074

手順❷　自社商品の売上個数における性別と年代の差について

検定を行う ……………………………………………………… 077

手順❸　自社と競合A社の売上傾向の差について検定を行う ……… 081

2-4　報告用の資料を作成する ………………………………………… **084**

まとめ　属性ごとの集計でわかることがある ………………… **088**

第3章 「季節ごとの売上傾向ってわかる？」
─時系列データを集計してみよう─

3-1 商品ごとに売り上げの推移をまとめる ………… 091

手順❶ 月ごとの売上個数の推移を集計する ………… 091

手順❷ 日ごと・曜日ごとの売上個数の推移を集計する ………… 094

手順❸ 7日間の移動平均を求めてグラフ化する ………… 100

Column 06 オートフィルと参照形式 ………… 103

3-2 報告用の資料を作成する ………… 109

まとめ 時系列での変化を意識しよう ………… 114

第4章 「なにが売り上げに影響したんだろう？」
─データ間の関係性を調べよう─

4-1 数値データ同士の関係を散布図で分析する ………… 117

手順❶ 関係を調べたい外部データを結合する ………… 118

Column 07 XLOOKUP 関数を利用したデータの結合 ………… 120

手順❷ 結合した気温データを折れ線グラフで可視化する ………… 122

手順❸ 売上個数と気温の関係を散布図で表す ………… 125

4-2 数値データ同士の関係の強さを相関係数で表す ………… 130

手順❶ 関係性の強弱を数値で表す「相関係数」を知る ………… 130

手順❷ 各商品と気温の相関係数を算出する ………… 134

4-3 数値データ以外との関係を集計で分析する ………… 135

手順❶ 仮説に対して必要なデータを整理する ………… 135

手順❷ 天気に対する売上個数の平均値を集計し解釈する ………… 139

Column 08 連関係数 ………… 144

4-4 報告用の資料を作成する ………… 145

まとめ 仮説や分析をもとに必要なデータを検討しよう ……… 151

第5章 「どの商品を同じ棚に置いたら売れやすい?」
──併売の分析をしてみよう──

5-1 ピボットテーブルで併売状況の基礎集計を行う ……… **155**

手順❶ 各商品の購入回数を集計する ………………………… 155

手順❷ 各商品が併売されている回数を集計する ……………… 157

手順❸ 商品の購入回数と併売回数から商品間の併売比率を
求める ………………………………………………… 159

Column 09 ビールと紙おむつ …………………… 161

**5-2 アソシエーション分析で同時に購入されやすい
組み合わせを見つける** ……………………… **162**

手順❶ 「アソシエーション分析」の考えかたを知る ………… 163

手順❷ 併売データの基礎集計を行う …………………………… 168

手順❸ アソシエーション分析を実施し結果を解釈する ……… 171

5-3 報告用の資料を作成する ……………………… **175**

まとめ アソシエーション分析で併売されやすい商品を
知ろう ………………………………………………… **178**

第6章 「売れる商品を狙って入荷しよう!」
──店頭カバー率とPI値から
売れ筋商品を見つけよう──

**6-1 店頭カバー率から多くの店が扱っている商品を
見つけ出す** ………………………………… **181**

手順❶ 週次集計のPOSデータを入手する ……………………… 181

手順❷ 店頭カバー率を用いて流通力の高い商品を見つける … 184

Column 10 セルの表示形式をパーセンテージ形式に変更する …… 185

**6-2 対象店舗数ベースのPI値から売れている商品を
見つけ出す** ………………………………… **190**

手順❶ 対象店舗における数量PIを調べる ……………………… 190

手順❷ 対象店舗における金額PIを調べる ……………………… 194

目 次 | xi

6-3 出現店舗数ベースの PI 値から隠れヒット商品を
見つけ出す ……………………………………………………………… **199**

手順❶ 出現店舗における数量 PI と金額 PI を調べる ………… 199

手順❷ これまでの分析結果をまとめる ………………………… 205

6-4 報告用の資料を作成する ……………………………………… **207**

まとめ さまざまな指標を活用して売上アップを目指そう

………………………………………………………………………… **212**

第 7 章 「新店舗、うまくいくかな？」
—回帰分析で新店舗の売り上げを
予測しよう—

7-1 既存のデータから売り上げに関係する要因を抽出する

………………………………………………………………………… **215**

手順❶ 散布図で売り上げと項目の関係性を可視化する ………… 215

手順❷ 相関係数から売り上げに影響のあるデータを見つけ出す … 217

7-2 相関関係の強い指標間の関係を式で表す ……………… **221**

手順❶ 単回帰分析を用いて各項目から売り上げを予測する
回帰式を作る …………………………………………………… 221

Column 11 相関分析と回帰分析の違い ……………………… 229

手順❷ 重回帰分析を用いて複数の項目から売り上げを予測する
回帰式を作る …………………………………………………… 230

手順❸ 売り上げに影響しない要因を除外した回帰式を作る ……… 237

手順❹ 回帰式から新規店舗の売上予測を行う ……………… 243

Column 12 TREND 関数を使って予測値を算出する ……… 245

7-3 報告用の資料を作成する ……………………………………… **246**

まとめ 立式は難しいけど応用が効く …………………………… **249**

おわりに・推薦図書 ……………………………………………… 250

Excel 操作・関数・ショートカットキー一覧 …………………… 254

索 引 ……………………………………………………………… 256

著者略歴 ……………………………………………………………… 258

xii

第 0 章

この本の読みかた

0 - 1　この本で学べること

0 - 2　この本で扱う「POS データ」とは？

0 - 3　この本の流れ

本書内で使用するデータの案内

　本書内で使用する POS データをはじめとした各種ファイルは、以下の
オーム社のウェブサイトからダウンロードできます。

・https://www.ohmsha.co.jp/

　オーム社のウェブサイトにアクセスしたら、書名で検索して本書のページ
に移動し、当該ページにあるダウンロードの項目から zip ファイルをダウン
ロードしてください。zip ファイルは解凍して使用してください。

　zip ファイル内には、Excel ファイル（.xlsx）、PowerPoint ファイル（.pptx）、
PDF ファイル（.pdf）があり、各章で分析するデータは Excel ファイル内に
あります。各章でどのファイルを使用するかは、各章の扉を参照して
ください。

0-1 この本で学べること

　本書は、POSデータ（後述）の分析を通じて、マーケティングにおけるデータ分析の基礎を身につける入門書です。**マーケティング**とは、公益社団法人日本マーケティング協会によれば「顧客や社会と共に価値を創造し、その価値を広く浸透させることによって、ステークホルダーとの関係性を醸成し、より豊かで持続可能な社会を実現するための構想でありプロセスである」とされています。平たくいえば、モノやサービス（以下、商品）が「売れるための仕組みづくり」に関わるさまざま活動を総合したものです。これには新商品の企画、流通業者や消費者への販売、広告・宣伝といった活動が含まれます。こうした諸活動を適切に計画・実行していくためには、数ある選択肢の長所と短所を比較・評価し、ベストだと思われるものを選択しなければなりません。この選択こそマーケティング・マネジャーに求められる意思決定です。そして、この意思決定に必要な情報を得るためにはデータを収集し、集計・分析する**マーケティング・リサーチ**が欠かせません。

　たとえば、マーケティングの4PといわれるProduct（商品）、Price（価格）、Place（流通）、Promotion（販促）について考えてみましょう。商品を企画するときには、需要予測を行ったり、消費者ニーズの調査を行う必要があるでしょう。価格を設定する際にも、どの価格なら売れそうか・利益が出そうかなどを分析する必要があります。流通や販促においても、適切な販売店や販促方法を考えるのにデータに基づく判断は必要となってきます。また、実際の販売が行われたあとにも、売上データを分析することで、売れ行きは想定どおりか、売れている要因・売れていない要因はなにか探り、商品の改善を行うための判断材料にしていきます。

　このように、マーケティング活動に関するさまざまな意思決定の場面で、その意思決定に必要な情報を提供するために、マーケティング・リサーチが必要になります。そのためマーケティング・リサーチで扱う

データは多岐にわたり、代表的なものとして、自社もしくは官公庁やリサーチ会社によって実施される市場調査・顧客満足度調査などのアンケートデータや、POS などの売上データ、またネットショップの閲覧記録（アクセスログ）や SNS のデータなどがあります。

　本書では、売上データ、とくに POS データに着目し、その集計・分析方法について、実際の場面を想定して一から学んでいきます。

0-2 この本で扱う「POS データ」とはなにか

　POS とは Point of Sales の略で、「商品がいつどこで売れたか」という情報を記録するシステムを指します。**POS データ**とは、そのシステムで取得されたデータであり、**販売時点管理データ**とも呼ばれるものです。一般に、レジなどの決済を行う機器から情報が集められ、各メーカー・商社・リサーチ会社などによって管理されています。

　スーパーやコンビニエンスストアでは、商品についているバーコード（**JAN コード**）をレジで読み取ることで、その商品が「いつ、どこで、いくらで購入されたか」を記録しており、レシート単位で「ほかのどんな商品と購入されたか」も把握可能となっています。加えて、ポイントカードやアプリなどを導入している場合、「その商品が誰に買われたか」という情報も付加できます。このデータのことを、とくに **ID-POS データ**や **ID 付き POS データ**と呼ぶことがあります。

　本書では、スーパーを経営する会社のマーケティング部門を想定して、POS データを模したダミーデータの集計・分析を行います。具体的な内容は、「どの商品がどの程度売れているのか」という単純な集計から始まり、「ある商品をよく購入する層を調べる」ようなクロス集計、適切なグラフ化の方法、分析結果の妥当性を調べる検定、同時に購入されやすい商品を調べるアソシエーション分析、POS データから得られる指標を使った解釈など、実際に POS データを分析する際に求められることが多い基礎的なものです。

0-3 この本の流れ

　本書では、「南極スーパー」という架空のスーパーとその運営会社を想定して、筆者が作成した[*1]（ID付きではない）POSデータのダミーデータを用いて、集計・分析を進めていきます。登場人物（動物？）は、以下の3人（匹？）です。

ペンギン
南極スーパーのマーケティング部に配属された社会人1年生。大学では別分野の勉強をしていたのでマーケティングやデータ分析の知識はないが、アザラシ先輩に教わりながら、集計の基本から地道に学んでいる。しびれ系の辛いものがすき。

アザラシ
南極スーパーのマーケティング部所属の社会人5年生。大学では統計学を学んでいた。新人のペンギンにいろいろ教えてくれる、よき先輩。唐辛子系の辛いものがすき。

クジラ
南極スーパーのマーケティング部の部長。よく現場や本部に顔を出しているため、あまりオフィスにおらず、よく部のメンバーにデータの集計や分析を依頼している。

　各章は、マーケティング部のリーダーである「クジラ」部長から新人社員の「ペンギン」に集計や分析の依頼が出され、先輩社員の「アザラシ」のアドバイスを受けながら集計・分析を行い、報告用のスライドを作成する、という流れになっています。早速、始めていきましょう。

[*1] とくに第1章から第5章で使うデータは、ChatGPTにデータ作成のプログラムのソースコードを作成してもらい、そのプログラムに基づいてデータを作成しています。データは、本章の扉にある案内を参照して、オーム社のウェブサイトからダウンロードしてください。

第1章

売り上げをまとめた資料を作っといて！

−データを集計してみよう−

- **1-1** データの概要を知る
- **1-2** 資料作成に必要なデータを取り出す
- **1-3** 集計結果をグラフで可視化する
- **1-4** 提出用の資料を作成する
- **まとめ** 適切な集計はマーケティングの第一歩

この章で使うファイル

- chp1.xlsx
- chp1.pptx

この章で分析するデータ

- いつものPOSデータ（chp1.xlsx 内）

いつものPOSからうちの商品だけ抽出して……うーん……。

どうしたの？

あ、先輩。さっき部長から、店舗の売上資料を作ってって言われたんです。

次の経営会議で使うやつ？

そうです。うちのプライベートブランドにお茶が2種類あるじゃないですか、あれの売上金額をグラフにして、簡単な考察を書いておいてくれって。

なるほどね。でも、うまくいっていないのかな？

はい。いつものPOSデータから一つひとつ取り出していくと時間がかかってしまって。今日中に終わらせたいんですけど……。

うんうん、手作業だと大変だよね。じゃあ、こういうときに便利な方法を教えるから、ここで集計の基本を覚えちゃおう。

この章の課題

南極スーパーでは、さまざまなメーカーの商品だけでなく、自社のプライベートブランド商品（以下、自社商品）も販売しています。次の経営会議の資料として、この部署が担当するエリア内の店舗で「お茶系飲料」に分類される自社商品の売上状況をまとめることになりました。

POSデータから**自社商品の売上データを抽出・集計・グラフ化**し、**報告用のスライドを作成**してください。スライドには、**集計結果への解釈**も添えてください。

1-1 データの概要を知る

　本章では、分析を始める前に、データの集計を行います。**集計**とは、データを見て傾向を確認し、必要に応じて表やグラフなどにまとめることです。本格的な分析の前に行う整理だと思うとよいでしょう。

　本節では、集計の際に必要なデータの見かたを説明します。そののち、1-2 節では報告用の資料作成に必要なデータの抽出方法を、1-3 節ではグラフを利用した可視化の方法を説明します。

　まずは、対象となるデータ（以下「**いつもの POS データ**」もしくは単に「**データ**」）を確認しましょう。「どんな項目があるのか」「それぞれの項目は数字で表現されているのか、文字列で表現されているのか」など、データ分析を行う前に理解するべき点を説明していきます。

　現時点では、「いつもの POS データ」には、集計対象となっている「自社商品」が何種類あるのか、自社商品以外（＝競合他社の商品）が何社・何種類あるのかなど、分析に必要な情報がわかっていません。まずは、3 つの手順でデータを確認していきましょう。

手順❶ データの大きさと内容を確認する

　データを扱うときは、最初に**大きさ**や**内容**をチェックします。まずは、「いつもの POS データ」の大きさを見てみましょう。

　Excel 形式のデータのサイズは、約 20 MB となっています。データを開くと、A 列から K 列までの 11 列あることがわかります（図 1-1）。具体的には、1 列目から順に、「レシート番号」「日付」「曜日」「時間」「性別」「年代」「メーカー」「商品名」「単価」「個数」「金額」と並んでいます。本書では、このそれぞれの列（**カラム**）のことを**項目**と呼ぶことにします。

　データを下にスクロールしていくと、374,091 行まであることがわかります。1 行目は「レシート番号」や「日付」などの見出しが入ってい

1-1　データの概要を知る ｜ 007

	A	B	C	D	E	F	G	H	I	J	K
1	レシート	日付	曜日	時間	性別	年代	メーカー	商品名	単価	個数	金額
2	R000001	2023/01/02	月	10	女性	30代	競合A	おいしい緑茶	160	2	320
3	R000001	2023/01/02	月	10	女性	30代	競合B	静岡の緑茶	170	2	340
4	R000002	2023/01/02	月	10	男性	60歳以上	競合B	静岡の緑茶	170	4	680
5	R000002	2023/01/02	月	10	男性	60歳以上	競合A	おいしい濃茶	160	2	320
6	R000003	2023/01/02	月	10	男性	50代	競合C	ほうじ茶	140	1	140
7	R000004	2023/01/02	月	10	女性	50代	競合D	ウーロン茶	140	2	280
8	R000004	2023/01/02	月	10	女性	50代	競合D	ウーロン茶	140	1	140
9	R000005	2023/01/02	月	10	女性	50代	自社	緑茶	150	2	300
10	R000005	2023/01/02	月	10	女性	50代	自社	濃い茶	150	2	300

図 1-1 「いつもの POS データ」の中身

て、見出し以外の行（**レコード**）では、「1 つの商品が購入された情報」が 1 行に記録されています。見出しの行を除くと 374,090 行となるので、つまりこのデータは、374,090 件のレコードで構成されていることになります。

　なお、Excel の場合、「Ctrl」キーを押しながら矢印キーを押すと、矢印方向の空白でないセルの端まで移動します。たとえば A1 セルがアクティブな状態で「Ctrl」＋「↓」を押すと、一気に A374091 セルに移動します。大きなデータだとスクロールで確認するのも大変なので、こういったショートカットキーも活用してきましょう。

　データの大きさがわかったところで、今度は 1 列ずつ項目を見ていきましょう。まず、「レシート番号」は 2 行目と 3 行目が R000001、4 行目と 5 行目が R000002、6 行目が R000003……と続いています。どうやら「R」＋「6 桁の数字」から成り立っているようです。レシート番号は同じものが連続することがあり、同じレシート番号のものは「日付」から「年代」までも同じなので、同一人物の購買であると考えられます。

　続けて「日付」「曜日」「時間」「性別」「年代」と項目が並んでいます。「日付」は 2023/01/02 のように、「西暦 4 桁/月 2 桁/日 2 桁」の形式で年月日が表されています。「曜日」は「日」「月」などの漢字 1 文字で表されています。「時間」は「10」「11」などの 2 桁の数字で時間を表しています。「性別」は「男性」と「女性」という 2 種類の文字で表されています。同様に「年代」は「20 歳未満」「20 代」「30 代」などの文字で構成されています。

008

本書では、性別の項目における「男性」や「女性」、年代の項目における「20代」などの、そのレコードの特徴を表すような情報のことを**属性**と呼ぶことにします。データは約40万件あるので、それぞれにどのような属性があるかは、あとで確認します。

　「年代」のあとの項目は、「メーカー」「商品名」「単価」「個数」「金額」と続いています。「メーカー」は自社以外に競合が数社あり、「商品名」を眺めると、数種類の商品があることがわかります。「単価」「個数」「金額」は数値のデータであり、「金額」＝「単価」×「個数」となっています。

　ここまでで、データの大きさと、「なにを記録しているのか」という基本的な内容が確認できました。続いて、各項目について掘り下げて確認していきます。

手順❷ データ内の項目の属性を確認する

　手順❶でチェックした11個の項目について、実際にどんな情報が入っているのか、くわしく確認してみましょう。小さなデータであれば一つひとつ目視で確認してもよいのですが、今回のデータは374,090件あるので、一つひとつ見ていくのは骨が折れそうです。そこで今回は、Excelのフィルター機能を使って確認していきます。

　フィルター機能とは、データから特定の条件に当てはまるデータだけを取り出す機能です。Excel以外の統計ソフトでも、たいてい基本的な機能として備わっています。

　では、Excelの場合の手順を確認していきましょう。実際に手元のファイルを操作してみてください。

✕🔢 フィルターで情報を抽出する

手順① フィルターをかけたいデータを、ラベルを含めて選択する

手順② 「ホーム」タブの「編集」→「並べ替えとフィルター」→「フィルター」をクリック（図1-2）

手順③ 各列の見出し（1行目）に出てきた「▼」マークをクリック

1-1　データの概要を知る　│　009

まずは、フィルターをかけたい範囲をドラッグなどで選択します。今回はデータ全体にフィルターをかけたいので、ショートカットキーを使って選択しましょう。

　まず、A1セルをアクティブにした状態で「Ctrl」+「Shift」+「↓」を押すと、A1セルからA374091セルまでが選択されます。さらに「Ctrl」+「Shift」+「→」を押すと、A1セルからK374091セルまでが選択されます。その状態で**手順②**を行いましょう（図1-2）。

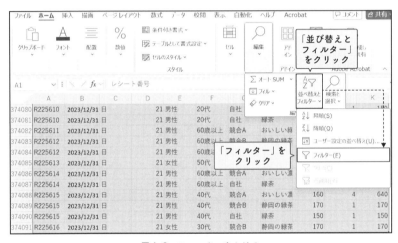

図1-2　フィルターをかける

　手順③でB列の「日付」横にある「▼」をクリックすると、図1-3左側のようなメニューが表示されます。

　メニュー中央付近にある「日付フィルター[1]」から取り出したいデータの条件を指定するか、下に並んでいるチェックボックスをクリックして取り出したい属性をチェックすることで、条件に当てはまるデータを取り出せます。

---

[1] この名称は、対象となる列のデータの形式（日付、文字列、数値）によって変わってきます。たとえば、メーカー名という文字列が入っているG列であれば「テキストフィルター」、単価という数値が入っているI列であれば「数値フィルター」となります。手元のデータで確認してみてください。

ここでは、メニュー下部のチェックボックスを見ていきましょう。「(すべて選択)」の下に「2023年」があり、そのさらに下に「1月」～「12月」が表示されています。各月の左にあるチェックボックスの左には「＋」マークがあり、これをクリックすることで日を展開できます。展開すると月の横のマークは「－」に変わっており、再度クリックすると、展開した日を閉じることができます。

　ここには、当該列のセル内にある情報の種類が、すべて表示されます。いま見ているのは「日付」の列なので、すべて展開した状態だと、このデータ内にあるすべての日付が列挙されています。日まで展開した状態で確認すると、最初が2023年1月2日で、最後が2023年12月31日であることが確認できます。1月1日は店休日かもしれません。

　同様に「曜日」を見ると、「日」～「土」のすべての曜日が示されます。つまり、特定の曜日の定休日はなさそうだということがわかります。

　さらに「時間」を見ると、10時から21時までが示されています。つまり、開店が10時台、閉店が21時台（もしくは22時ジャスト）であることがわかります。

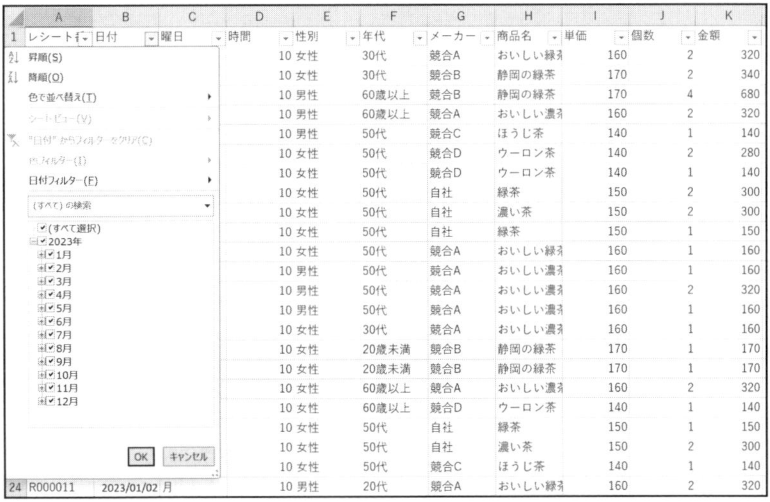

図1-3　「▼」マークをクリックするとフィルターメニューが表示される

1-1　データの概要を知る　｜　011

「性別」は「男性」と「女性」で構成されていて、空白になっている
ところはなさそうです。

同様に調べていくと、このデータの項目と属性は、表1-1のようにま
とめることができます。

表1-1　項目の属性まとめと考察

主な項目	属性など	考察
レシート番号	R000001〜R225616	同一のレシート番号は日付〜年代の情報も同じなので、同一人物の買いものと考えられる
日付	2023/01/02〜2023/12/31	1月1日は店休日か?
曜日	日、月、火、水、木、金、土の7種類	特定の曜日の店休日はなさそう
時間	10、11、12、13、14、15、16、17、18、19、20、21の12種類	開店が10時台、閉店が21時台（22時ジャストかも）
性別	男性、女性の2種類	
年代	20歳未満、20代、30代、40代、50代、60歳以上の6種類	
メーカー	自社、競合A、競合B、競合C、競合Dの5種類	
商品名	ウーロン茶、おいしい緑茶、おいしい濃茶、ほうじ茶、静岡の緑茶、濃い茶、緑茶の7種類	
単価	140円、150円、160円、170円の4種類	
個数	1個〜5個	
金額	最小が140円、最大が850円	

これだけでもデータの大きさと項目だけを見たときより詳細な情報が
得られていますが、もう少し踏み込んで確認してみましょう。「メー
カー」の横にある「▼」を押して、リストから「自社」を選んでみます
（図1-4）。

G列が「自社」の行だけが表示されました。一番下を見ると、
「374090レコード中111737個が見つかりました」と、条件に合致して
表示されたレコードの数が表示されています。

	A	B	C	D	E	F	G	H	I	J	K
1	レシート	日付	曜日	時間	性別	年代	メーカー	商品名	単価	個数	金額
9	R000005	2023/01/02	月	10	女性	50代	自社	濃い茶	150	2	300
10	R000005	2023/01/02	月	10	女性	50代	自社	緑茶	150	3	450
17	R000010	2023/01/02	月	10	女性	50代	自社	濃い茶	150	2	300
18	R000010	2023/01/02	月	10	女性	50代	自社	緑茶	150	1	150
22	R000011	2023/01/02	月	10	男性	20代	自社	緑茶	150	1	150
26	R000012	2023/01/02	月	10	女性	20代	自社	緑茶	150	1	150
27	R000013	2023/01/02	月	11	女性	60歳以上	自社	濃い茶	150	1	150
30	R000014	2023/01/02	月	11	女性	50代	自社	濃い茶	150	1	150
33	R000016	2023/01/02	月	11	女性	20代	自社	緑茶	150	2	300
35	R000017	2023/01/02	月	11	女性	60歳以上	自社	緑茶	150	4	600
38	R000019	2023/01/02	月	11	女性	50代	自社	緑茶	150	4	600
42	R000021	2023/01/02	月	11	女性	60歳以上	自社	緑茶	150	2	300

図 1-4 「メーカー」→「自社」でフィルターをかけた状態

　この状況で、さらに商品名でフィルターをかけてみると、自社商品は「濃い茶」と「緑茶」の2つがあることがわかります。また、値段はどちらも150円であることがわかります。

　同様に、「メーカー」から「競合A」でフィルターをかけたり、「年代」から「20代」でフィルターをかけたりして、データを見てみるとよいでしょう。

手順❸ 基礎集計を行ってデータの傾向を確認する

　手順❶と**手順❷**によって、データの内容がざっくりと理解できました。最後に、**基礎集計**を行って、データの傾向を数字として確認しておきましょう。データの基礎集計とは、合計や平均などの値を算出して、データの特徴を数字で整理することです。今回の例でいえば、「メーカーごとの売り上げの合計値を出す」などが該当します。

　手順❶と**手順❷**で確認した内容は「言葉」で表現する情報なので、人によって伝えかたや受け取りかたが異なる可能性があります。集計を行って明確な数値を出しておけば、そういった齟齬が発生しづらくなり、より客観的にデータの傾向を把握できます。

　Excelの場合、基礎集計は関数を用いて算出することが多いですが、今回は**ピボットテーブル**という機能を使って表を作ることにします。

ピボットテーブルとは、クロス集計表[*2]を作成するための機能であり、大量のデータを複数の観点で集計するとき便利な機能です。

文章だけで説明してもわかりづらいので、まずはExcelを操作して、実際にピボットテーブルで各メーカーの売上金額をまとめる表を作ってみましょう。もしフィルターで一部のデータを抽出している場合は、以下の手順に入る前に、フィルター機能を解除しておいてください。

ピボットテーブルで表を作成する

手順① 集計したいデータのすべての範囲を選択するか、もしくはデータ内の1つのセルを選択しておく

手順② 「挿入」タブの「ピボットテーブル」をクリック

手順③ 出てきたウィンドウ（図1-5）でデータの範囲やピボットテーブルを配置する場所を確認・選択して「OK」をクリック

手順④ 「ピボットテーブルのフィールド」（図1-6）で表にしたい項目を任意のボックスにドラッグ＆ドロップ

図1-5 手順②で「ピボットテーブル」をクリックすると表示されるウィンドウ

今回は、**手順③**で「新規ワークシート」を選択して「OK」をクリックします（図1-5）。

[*2] 2つ以上の観点からデータをまとめた表のこと。2-1節で詳しく説明します。

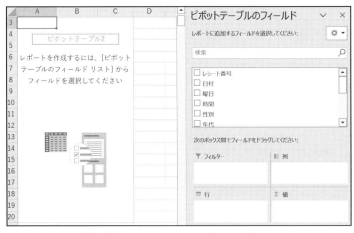

図1-6 手順③で「OK」をクリックすると作られる新しいワークシート

　手順③で「OK」を押した時点では、まだ表は作成されていません（図1-6）。ピボットテーブルは、図1-6右側にある「ピボットテーブルのフィールド[*3]」から、集計に必要となる項目（フィールド）を「フィルター」「行」「列」「値」などのボックスにドラッグ＆ドロップして使用します。

　「行」と「列」に入れた項目は、そのまま表の行と列になり、「値」に入れた項目は自動的に合計や個数が算出されます。数値データの項目を入れた場合は自動的に合計が算出され、文字列データを入れた場合は自動的に個数がカウントされます。「フィルター」はフィルター機能と同様に、選択した任意の要素を抽出します。

　「行」と「列」の両方に項目を入れるとクロス集計表ができますが、クロス集計表は次章で扱うので、ここでは「行」か「列」の一方にだけ項目を入れたシンプルな表を作ります。今回作りたいのは「各メーカーの売り上げをまとめる表」なので、まずは「行」に「メーカー」を入れましょう。図1-6右上部に表示されている項目から「メーカー」を選択し、ドラッグ＆ドロップで「行」のボックスに入れてください。同様に

---

*3 macOS の場合はフローティングしています。

1-1 データの概要を知る　|　015

して、「値」に「金額」を入れます。すると、図1-7左上の表が表示されます。

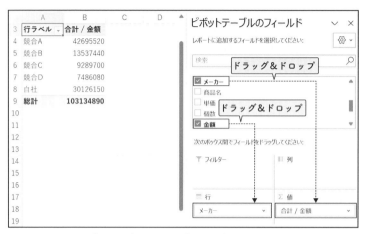

図1-7 「行」に「メーカー」、「値」に「金額」を入れた状態

　左上の表では、金額の部分が「合計 / 金額」となっています。これは、「値」に入れた「金額」の合計を、「行」に入れた「メーカー」ごとに計算していることを表しています。このデータをコピーして別のシートに**値の貼り付け**を行い（**Column 01** 参照）、自社が一番上にくるように編集したものが、表1-2です。表やグラフを作成する場合、基本的には大きい順（**降順**[*4]）で並べて作成することが通例ですが、今回は自社の商品と比較することを考えて、自社が一番上になるようにしました。

　このように基礎集計を行うことで、競合A社が最も売上金額が高く、自社は2番目であることがわかりました。同様に、ピボットテーブルの「行」に「性別」や「商品名」、「値」に「個数」や「金額」を入れてみると、「男性と女性、どちらのほうが売上金額が高いのか」「どの商品が一番売れているのか」などがわかります。どんな表があればデータ

[*4] 降順とは、数字が大きい順に並び替えることをいいます。逆に小さい順に並び替えることは**昇順**といいます。階段を降りる順（大きいほうから小さいほうへ移動する）と昇る順（小さいほうから大きいほうへ移動する）と覚えればよいでしょう。

表1-2 メーカーごとの売上金額

メーカー	金額（円）
自社	30,126,150
競合A	42,695,520
競合B	13,537,440
競合C	9,289,700
競合D	7,486,080

の傾向を掴みやすいのか考えて、「行」と「値」をいろいろ設定してみましょう。

Column 01
ピボットテーブルをコピーし別シートに値の貼り付けしておくことのススメ

　ピボットテーブルは、「行」「列」「値」を変更することで簡単に集計し直すことができます。そのため、集計を試行錯誤している段階であれば非常に便利な機能です。しかし、目的の集計結果を作成した際、そこから間違ってなんらかの操作をしてしまうと、もともとの集計結果が消えてしまうことになります。

　そこで、ひと手間かかりますが、目的の集計ができたらピボットテーブルの情報をコピーして別シートに**値の貼り付け**をしておくことをおすすめします。値の貼り付けとは、書式（色や枠線などの装飾のこと）などは省いて、数値データだけを貼り付けることをいいます。実際にやってみましょう。

　ピボットテーブルを選択してコピー（「Ctrl」+「C」）し、別のシートに貼り付け（「Ctrl」+「V」）ると、たいていは「ピボットテーブル」として貼り付けられます。今回は値だけを貼り付けたいので、貼り付けの種類を変更しましょう。貼り付けた表の右下に「貼り付けのオプション」のアイコンがあるので（図C1-1）、クリックします。すると中央に「値の貼り付け」として3つのアイコンが表示されるので、その一番左のアイコンを選択しましょう。

1-1　データの概要を知る | 017

図C1-1　貼り付けのオプションから「値の貼り付け」を選択する

すると、図C1-2のように、装飾などが省かれて値だけが貼り付けられました。

	A	B
1	行ラベル	合計 / 金額
2	競合A	42695520
3	競合B	13537440
4	競合C	9289700
5	競合D	7486080
6	自社	30126150
7	総計	103134890

図C1-2　値の貼り付けをされた状態

なお、貼り付けをするときに「Ctrl」+「Alt」+「V」を押すと、「形式を選択して貼り付け」のウィンドウ（図C1-3）が開きます。ここで「値」を選択して「OK」をクリックしても、同様に値の貼り付けが可能です。

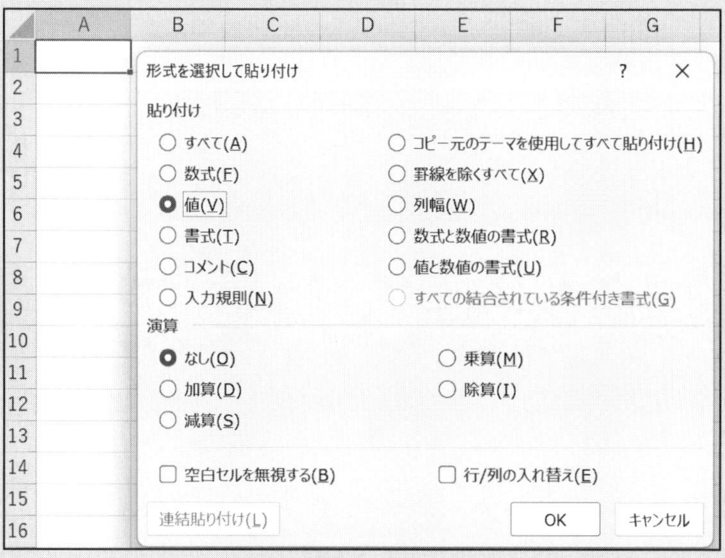

図C1-3 「形式を選択して貼り付け」のウィンドウ

　続いて、もう少し複雑な表を作ってみましょう。今度は、「各メーカーのどの商品が、平均何円で売られているのか」をまとめた表を作ってみます。図1-8右のように、「行」に「メーカー」と「商品名」の両方を、「値」には「単価」を入れてください。すると、図1-8左のような表が作られます。

　今回求めたいのは単価の合計ではなく平均なので、図1-8左の表の「合計 / 単価」を「平均 / 単価」に変えましょう。「値」ボックス内の「合計 / 単価」の右の「▼」をクリックし、「値フィールドの設定」を開きます（図1-9）。集計方法を「合計」から「平均」に変更して、OKを押します。できた表が図1-10です。

　「平均 / 単価」で表示されている値に、**手順❷**でまとめた「単価」の属性（表1-1）と異なるものはありません。また、「値フィールドの設定」画面で集計方法を「平均」ではなく「最大」や「最小」にしても、できる表は変わりません。つまり、同じ商品は常に同じ価格で販売されている（セールでの値引きなどがない）ことがわかります。

1-1　データの概要を知る　|　019

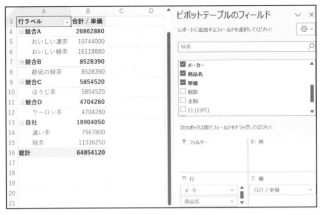

図1-8 「行」に「メーカー」と「商品名」、「値」に「単価」を入れた状態

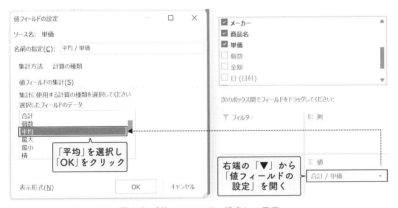

図1-9 「値フィールドの設定」の画面

　図1-10の表を、自社が一番上にくるように編集した表が表1-3です。
　なお、今回使用している「いつものPOSデータ」は、この本のために作成した演習用のダミーデータです。そのため扱いやすいきれいなデータでしたが、実務で扱うデータは、往々にして抜けがあったり（**欠損**）、入力ミスによる変な値（**異常値**）があったりします。こういったデータ自体の不備も、たとえばピボットテーブルの「最大」や「最小」などによって見つけることができます。

図1-10 「合計 / 単価」が「平均 / 単価」に変更された

表1-3 商品ごとの単価

メーカー	商品名	単価（円）
自社	緑茶	150
自社	濃い茶	150
競合A	おいしい緑茶	160
競合A	おいしい濃茶	160
競合B	静岡の緑茶	170
競合C	ほうじ茶	140
競合D	ウーロン茶	140

　この節では、フィルターやピボットテーブルを用いて、商品ごとの合計や個数の集計といった基礎集計を3つの手順に沿って行ってきました。初めて扱うデータの場合、このような基本的な集計を行うことで、データの概要を理解することにつながります。

1-2 資料作成に必要なデータを取り出す

　今回は、部長から「自社商品の売上データをグラフにして、簡単な考察を書いておいて」と依頼されています。しかし、前節で見たように「いつものPOSデータ」には他社の商品の情報も大量に含まれています。このままでは、自社商品だけのグラフはできません。そのため本節では、自社商品だけを抽出して集計していきます。

　まずはデータ全体における売上金額と売上個数を算出し、続いて各月と各時間帯による売上金額を算出していきましょう。

手順❶ 自社商品の売上金額と売上個数を算出する

　特定のデータだけ取り出すには、ピボットテーブルの「フィルター」機能が便利です。前節で作成した、ピボットテーブルのワークシートを開いてください。まず、自社商品と他社商品を区別するために、フィルターに「メーカー」を入れます。続いて、商品の判別が必要なので、「行」に「商品名」を入れます。最後に、売り上げをまとめなければならないので、「値」には「金額」を入れます（図1-11）。

図1-11　「フィルター」に「メーカー」、「行」に「商品名」、「値」に「金額」を入れた状態

この時点では、自社以外のメーカーを含む全商品の集計がなされています（図1-11）。ここから自社商品だけを抽出したいので、表の一番上にある「メーカー（すべて）」の右の「▼」から「自社」をクリックしてOKを押します。これにより、自社商品のデータだけが抽出されました（図1-12）。

図1-12　「メーカー」で「自社」にフィルターをかけた状態

　金額が大きい順に並べ替えたい場合は、「行ラベル」の右の「▼」から並べ替えを行います。最初は商品名の50音順になっているので、「その他の並べ替えオプション」から「降順」を選択したうえで「合計／金額」を選択します（図1-13）。

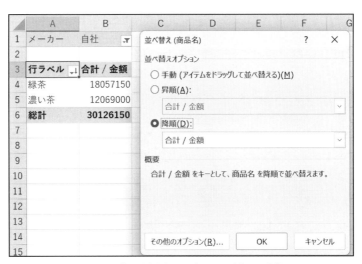

図1-13　「合計／金額」を降順に並び替えた状態

これで、2023年1月2日から2023年12月31日までの自社商品の売上金額がわかりました。ここでいったん、できあがった表を選択してコピーし、別のシートに値の貼り付けをしておいてください。

　さて、金額だけの表だと実際に商品が何個売れたのかは計算しないとわからないので、さきほどの表に売上個数の情報も付け加えてみましょう。「値」を「個数」にして、さきほどと同様の集計を行ってみます。そして「金額」のときと同様に、できあがった表を別のシートに値の貼り付けをしておきます。

　2つの表を編集して、「個数」と「金額」の合計をまとめたものが表1-4です。緑茶のほうが、約1.5倍多く売れていることがわかります。

表1-4　自社商品の売上個数と売上金額

	個数（個）	金額（円）
緑茶	120,381	18,057,150
濃い茶	80,460	12,069,000

　なお、今回はピボットテーブルで「金額」と「個数」を別々に集計しましたが、「値」に「金額」と「個数」の両方入れることで、同時に集計することもできます。

手順❷ 月ごとの売上金額を算出する

　今度は、月ごとの売上金額の違いを見ていきましょう。

　商品は、その性質によってよく売れる月とあまり売れない月があったりします。今回調べているのは飲料ですから、冬よりは夏のほうが売れそうな気がします。そういった時期による売れ行きの違いを把握することは、マーケティングにおいて重要なポイントの1つです。**手順❶**で使ったピボットテーブルを引き続き使います。

　「フィルター」に「メーカー」、「行」に「日付」、「値」に「金額」を入れます（図1-14）。「行」ボックスには自動的に「月（日付）」「日（日付）」が作成され、「月」および「日」で集計されました。生成された表は各行に月が表示されていますが、各月横の「＋」をクリックして

展開すると、日付の表が得られます。

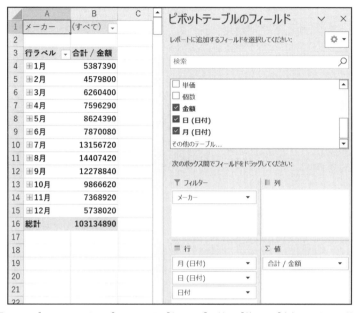

図1-14 「フィルター」に「メーカー」、「行」に「日付」、「値」に「金額」を入れた状態

　作成された表の「メーカー（すべて）」の右の「▼」を押して「自社」を選択すると、自社商品のみの売上金額が表示されます（図1-15）。
　図1-15を、表形式にまとめたものが表1-5です。
　「月」までの集計を見ると、2月の売上金額が最も少なく、8月の売上金額が最も多いことがわかります。やはり暑い時期のほうが、飲料は売れやすいようです。

手順❸ 時間帯ごとの売上金額を算出する

　最後に、時間帯ごとの売上金額を調べてみましょう。時間帯ごとの売上金額は、ほかの商品の時間帯ごとの売上金額などと見比べることで、スーパー全体の混雑状況や顧客層の傾向などを推測する材料になります。たとえば、昼の売上金額が大きく夜は小さい場合、そのスーパーはオフィス街にあって夜は人が少なくなるのかもしれません。そういった

表 1-5 自社商品の月ごとの売上金額

	A	B
1	メーカー	自社
2		
3	行ラベル	合計 / 金額
4	⊞1月	1577250
5	⊞2月	1317900
6	⊞3月	1809300
7	⊞4月	2238750
8	⊞5月	2506050
9	⊞6月	2288550
10	⊞7月	3844350
11	⊞8月	4231950
12	⊞9月	3599550
13	⊞10月	2888250
14	⊞11月	2140800
15	⊞12月	1683450
16	総計	30126150

図 1-15　自社商品の月ごとの売上金額

月	合計金額（円）
1 月	1,577,250
2 月	1,317,900
3 月	1,809,300
4 月	2,238,750
5 月	2,506,050
6 月	2,288,550
7 月	3,844,350
8 月	4,231,950
9 月	3,599,550
10 月	2,888,250
11 月	2,140,800
12 月	1,683,450
総計	30,126,150

情報からは、タイムセールの実施時間帯などのマーケティング施策を考えることができます。また、もちろん商品によっては、商品自体の性質によって購入される時間帯に違いが出てくる場合もあるでしょう。たとえばお総菜などは、食事前の時間帯が最も売れやすくなるのではないでしょうか。

　では、さっそく時間帯ごとの売上金額を表にしましょう。引き続き、ピボットテーブルのワークシートを使います。「フィルター」に「メーカー」、「行」に「時」、「値」に「金額」を入れます。作成された表の「メーカー（すべて）」右の「▼」で「自社」を選択すると、図 1-16 が得られます。

　この表からは、10 時台と 21 時台の売上金額が少なく、16 時〜18 時の売上金額が大きいことがわかります。会社や学校の帰りに飲料を買う人が多いのかもしれません。図 1-16 を表形式にまとめたものが、表 1-6 です。

　ここまでの手順で、資料に必要な情報が抽出できました。

	A	B
1	メーカー	自社　　　▼
2		
3	行ラベル　▼	合計 / 金額
4	10	1506600
5	11	2070750
6	12	2942400
7	13	2729550
8	14	2108700
9	15	2740050
10	16	3033150
11	17	3617700
12	18	3038550
13	19	2710950
14	20	2124900
15	21	1502850
16	総計	30126150

図 1-16　自社商品の時間帯ごとの売上金額

表 1-6　自社商品の時間帯ごとの売上金額

時	合計金額（円）
10	1,506,600
11	2,070,750
12	2,942,400
13	2,729,550
14	2,108,700
15	2,740,050
16	3,033150
17	3,617,700
18	3,038,550
19	2,710,950
20	2,124,900
21	1,502,850
総計	30,126,150

　今回は部長から「自社商品の売り上げ」を求められているので、ひとまずデータ全体（一年間）での総計と、月ごと、および時間帯ごとの売上金額を算出しました。もし「季節ごとのデータがほしい」「四半期ごとにまとめてほしい」などの要件がある場合も、今回の手順を応用して算出できます。こういった集計作業ではピボットテーブルが便利なので、使いかたはよく覚えておきましょう。

1-2　資料作成に必要なデータを取り出す　│　027

1-3 | 集計結果をグラフで可視化する

1-2 節では売上金額を表形式でまとめました。しかし部長からは、「自社商品の売上データをグラフにして」と求められています。

表形式でデータの値そのものを見ても、その大きさやデータの差、データの変化をイメージすることは困難ですが、グラフにすることでデータを理解しやすくなります。そこで本節では、データをグラフで可視化する方法を扱っていきます。

手順❶ 適切なグラフを選択する

さて、一口に「グラフ」といっても、さまざまな種類があります。そして、データの種類や表現したい情報によって使用すべきグラフが変わってきます。今回はどんなグラフを使うのが適切なのでしょうか？

まずは、それぞれのグラフについて、表現できるデータや特徴を説明します。代表的なグラフとして、表 1-7 および図 1-17 に示す 5 種類が挙げられます。

表 1-7　代表的な 5 種類のグラフの特徴と使用例

	特徴	使用例
（a）棒グラフ	数値（量）を比較するときに使う	売上金額の比較
（b）折れ線グラフ	ある特定の値の推移を表すときに使う	売上金額の推移 体重の推移
（c）円グラフ	比率を表すときに使う	来店客の年代構成
（d）帯グラフ	比率を表すときに使う（とくに同じ構成の複数のグラフを比較する場合）	店舗ごとの来店客の年代構成
（e）散布図	数値で表される 2 つの変数の間の関係を表すときに使う	身長と体重の関係 気温と売上金額の関係

ここでは、1-1 節と 1-2 節で作成した「表 1-2（メーカーごとの売上金額）」「表 1-4（自社商品の売上個数と売上金額）」「表 1-5（自社商品の月ごとの売上金額）」「表 1-6（自社商品の時間帯ごとの売上金額）」の 4 つをグラフで可視化していきます。

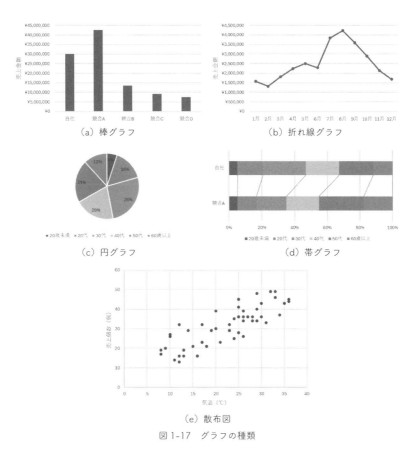

図1-17　グラフの種類

　表1-2と表1-4は、メーカーや商品という複数の属性の売上金額や個数などをまとめた表なので、大きさを比較できる棒グラフを用います。表1-5と表1-6は月や時間帯ごとの売上金額の推移をまとめた表なので、値の推移を表す折れ線グラフを用います。
　適切な種類を選択できたら、実際にグラフを作っていきましょう。

手順❷ 棒グラフで商品／メーカーごとの売上金額を可視化する

　まず、メーカーごとの売上金額をまとめた表1-2のデータを棒グラフにします。ピボットテーブルから値の貼り付けで作成しておいた、

表1-2のワークシートを開いてください。

表から棒グラフを作成する

手順① グラフにしたい表の、ラベル部分を含むすべてを選択する
手順② 「挿入」のタブの「グラフ」のなかから棒グラフのアイコンをクリック（図1-18）
手順③ 表示されたメニューのなかから「2-D縦棒」の「集合縦棒」をクリック（図1-18）

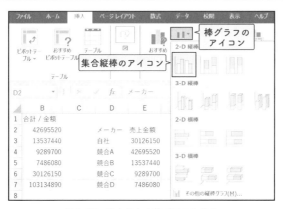

図1-18　表1-2から棒グラフを作る

できあがった棒グラフが、図1-19です。

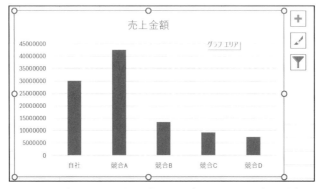

図1-19　表1-2から作成した棒グラフ（メーカーごとの売上金額）

Column 02
3Dグラフを使うべきではない理由

　本文では2Dの棒グラフを作成しましたが、Excelでは3Dのグラフも作成できます。しかし筆者は、棒グラフにかぎらず、3Dのグラフは使うべきではないと考えています。なぜ使うべきではないか、具体的な例を使って見ていきましょう。

　まずは棒グラフです。表C2-1は、ある架空のデータにおける、ある日の売上個数のデータです。

表C2-1　ある日の売上個数のデータ（架空データ）

自社	競合A社	競合B社	競合C社
300	350	280	295

　これを2D棒グラフにしたものが図C2-1、3D棒グラフにしたものが図C2-2です。

　2Dの棒グラフを見ると、競合A社が最も大きく、その値は350であることがすぐにわかります。また、それ以外の3社は、自社＞競合C社＞競合B社の順で大きいことがわかります。

　一方、3D棒グラフは、競合A社が最も大きいことはわかりますが、具体的な数値を判別することは困難です。また、自社と競合C社は、どちらが大きいか判別しづらくなっています。このように、棒グラフを3Dにすると微妙な大小の区別がつきづらくなり、また

図C2-1　売上個数の棒グラフ

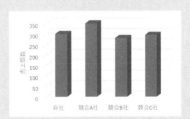

図C2-2　売上個数の3D棒グラフ

3Dのどの面を基準にしているか不明なので、具体的な値がわからなくなってしまいます。

次に、円グラフで考えます。表C2-2は、ある架空データにおける、商品の売上シェアを表すデータです。

表C2-2 売上シェア（架空データ）

自社	競合A社	競合B社	競合C社
40%	30%	20%	10%

図C2-3 売上シェアの円グラフ　　図C2-4 売上シェアの3D円グラフ

これを2D円グラフにしたものが図C2-3、3D円グラフにしたものがC2-4です。2D円グラフを見ると、自社＞競合A社＞競合B社＞競合C社の順でシェアが大きいことがすぐにわかります。

一方、3D円グラフは、自社と競合A社を比較すると手前にある競合A社のほうが自社より大きく見えます。これは、3D円グラフの手前は、高さのぶんだけ大きく見えてしまうからです。つまり、見た目と実際の値に乖離が生まれてしまっています。

どちらも3Dグラフにすることで、値が読み取りづらくなったり、比較しづらくなったりという問題が起きており、正しく情報を伝えられなくなっています。グラフはデータを視覚的に把握するために非常に有効な表現方法ですが、情報が正しく伝わらないのではグラフにする意味がありません。とくに3Dグラフは情報を正しく伝えることが困難なので、筆者としては、3Dグラフを使うべきではないと考えています。

もしグラフタイトルや軸ラベルなどを追加・変更したい場合は、グラフを選択したときに右上に出てくる「＋」ボタンや、「グラフのデザイン」のタブの「グラフ要素を追加」をクリックして、変更したい内容を選択してください。

❎ グラフの書式を変更する

手順① グラフ右側の「＋」ボタンか、「グラフのデザイン」タブの「グラフの要素を追加」をクリック

手順② 変更したい要素をクリック

　今回は、以下3つの変更を行います。①と②は縦軸と横軸がなにを表しているのか明確にするため、③は金額を読みやすくするための処理です。

① グラフタイトルの「売上金額」を削除する

② 縦の軸ラベルに「売上金額」を、横の軸ラベルに「メーカー」を追加する

③ 縦軸の項目に単位（¥）と桁区切りカンマを追加する

　さきほどの手順に沿って操作していきましょう。グラフの右側の「＋」ボタンを押すと、グラフの要素が表示されます。チェックボックスにチェックがついているものが、現在表示されている項目です。図1-20のように「グラフタイトル」をクリックしてチェックを外すと、グラフから「売上金額」というグラフタイトルも削除されました。これで①は終わりです。

　続いて、縦の軸ラベルに「売上金額」を追加しましょう。「＋」ボタンを押して、グラフ要素のなかから「軸ラベル」にチェックを入れます。さらにその横の「＞」マークをクリックして「その他のオプション」を選択すると、図1-21のように、右側に「軸ラベルの書式設定」が表示されます。

1-3　集計結果をグラフで可視化する　｜　033

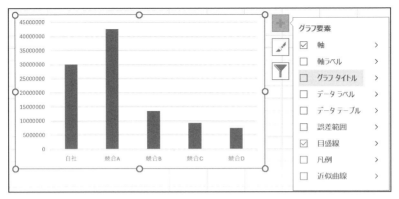

図1-20　任意のグラフ要素を削除する

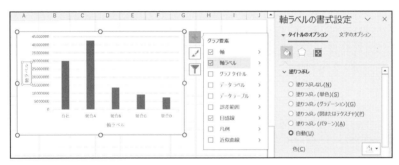

図1-21　任意のグラフ要素を追加する

　この状態でグラフ内の「軸ラベル」の部分をクリックすると、文字の編集が可能になります。縦軸のラベルを「売上金額」とし、横軸のラベルを「メーカー」としましょう（図1-22）。
　これで終わりでもよいのですが、縦軸のラベルが横書きになっていて読みづらいので、縦書きに変更してみましょう。「軸ラベルの書式設定」画面から「タイトルのオプション」をクリックし、その下にあるアイコンの一番右をクリックすると、文字列の方向が選択できます（図1-23）。
　なお、縦軸のラベルを縦書きにすると読みやすくなることが多いですが、半角の数字やアルファベットなどが入っている場合、かえって読みにくくなる場合もあります。そのため本書では、第2章以降はすべて横

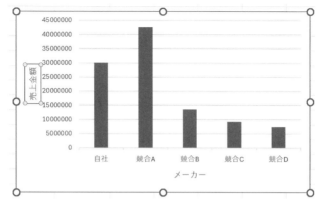

図1-22　縦軸のラベルを「売上金額」に、横軸のラベルを「メーカー」に変更する

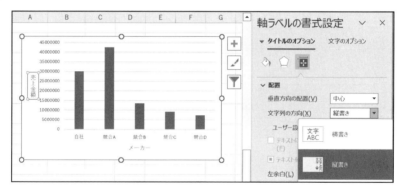

図1-23　文字列の方向を変更する

書きのままとします。みなさんも、自分の作る資料が見やすくなるほうを選択してください。これで②は終わりです。

　最後に、売上金額がより見やすくなるように、単位と桁区切りカンマを追加していきましょう。図1-24は、「＋」ボタン→「軸」の横の「＞」マーク→「その他のオプション」をクリックした状態です。

　図1-24では、グラフの横軸の項目（メーカー名）が選択されています。今回はグラフの縦軸を変更したいので、縦軸の項目（売上金額）をクリックして選択してください。

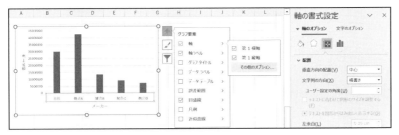

図1-24　グラフ要素から「軸」→「その他のオプション」を選択した状態

　続いて、右側にある「軸の書式設定」で「軸のオプション」を選択し、その下にあるアイコンのうち、一番右をクリックします。すると「軸のオプション」「目盛」「ラベル」「表示形式」の4つが出てくるので、「表示形式」をクリックします。すると「標準」と書かれているボックスが表示されるので、右側にある「▼」マークをクリックすると、図1-25のようにさまざまな表示形式が選択できます。

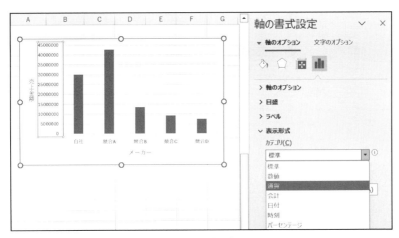

図1-25　表示形式を変更する

　選択肢のなかから「通貨」をクリックすると、図1-26のように、¥マークと桁区切りカンマが表示されました。
　最終的なグラフは、図1-27のようになります。このように、グラフ

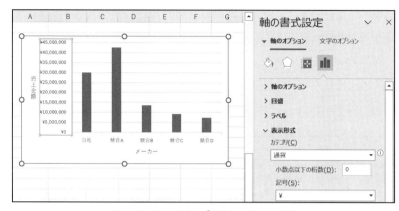

図1-26　表示形式を「通貨」に変えた状態

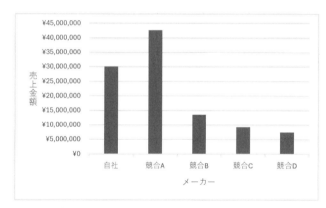

図1-27　調整後の表1-2から作成した棒グラフ（メーカーごとの売上金額）

は任意で要素を追加／削除したり、書式を変更したりできます。本書では紙面の都合上すべての解説は行いませんが、手元でいろいろ試してみてください。今回作っている報告書の場合、もしメーカーのイメージカラーなどがある場合には、棒の色を変更してもよいかもしれません。

　同様に、自社商品の売上個数と売上金額をまとめた表1-4もグラフにしてみましょう。表1-4には、「個数」と「金額」の2つの項目があります。2つまとめてグラフにすると、個数と金額で単位が違いますし、

単純に数値の大きさも違うため、適切なグラフになりません。こういう場合は、個数と金額それぞれ別々にグラフを作成します。

個数のグラフは、図 1-28 のようにラベルを含むデータを選択して、表 1-2 のときと同様の手順を行えば作成できます。図 1-28 のグラフは、軸ラベルなどを表 1-2 と同様に処理したものです。

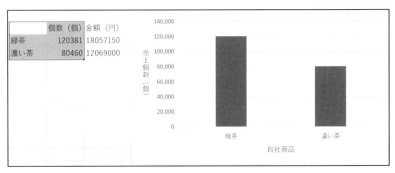

図 1-28　表 1-4 から作成した棒グラフ①（自社商品の売上個数）

金額のグラフに関しては、「商品名」の列と「金額」の列のあいだに「個数」の列が入っているので、少し工夫する必要があります。グラフは連続する行や列のデータから作成するのが一般的ですが、今回のようにグラフに含めたくない列がデータ内に入っていることもあります。もちろん、あらためて表を作成しても構いませんが、以下の手順で離れた列でもグラフが作成できます。

離れた列の値で棒グラフを作成する

手順① グラフにしたい列の片方を、ラベル部分を含んで選択する（図 1-29）

手順② グラフにしたい列のもう片方を、「Ctrl」キーを押しながら、ラベル部分を含んで選択する（図 1-30）

手順③ 「挿入」タブから作成したい棒グラフのアイコンを選んでクリック

	A	B	C	D
1				
2			個数（個）	金額（円）
3		緑茶	120381	18057150
4		濃い茶	80460	12069000

図1-29　片側の列を選択する

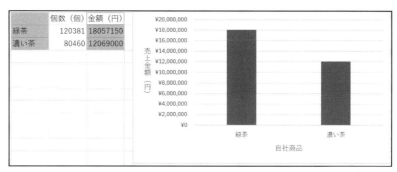

図1-30　表1-4から作成した棒グラフ②（自社商品の売上金額）

　図1-30右のグラフは、軸ラベルなどを表1-2と同様に処理したものです。このように、離れたセル同士でも「Ctrl」キーを押しながらクリックもしくはドラッグすることで、同時に選択できます。

Column 03
ピボットグラフ機能で作るグラフ

　Excelのピボットテーブルには、グラフを作成する機能である**ピボットグラフ**があります。ピボットテーブルを作成したのち、「ピボットテーブル分析」のタブから「ピボットグラフ」を選択すると、グラフを作成できる機能です。
　たとえば、図1-7（メーカーごとの売上金額の表）でピボットグラフを作成すると、図C3-1のようになります。

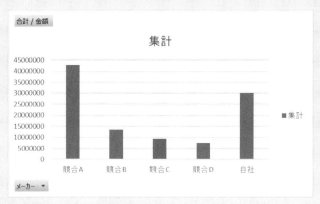

図C3-1　ピボットグラフで作成したメーカーごとの売上金額の棒グラフ

　非常に簡単にグラフが作成できるのですが、データの並べ替えがやや困難であること、左上と左下に「合計／金額」や「メーカー」という、資料に必要のない文字列が表示されてしまっていることから、最終的な報告書に用いるグラフとして適切だとはいえません。
　Column 01 でも書いたように、ピボットテーブルは、「行」「列」「値」を変更するとグラフも変更されるため、試行錯誤する場合には便利です。しかし、最終的にグラフを作成するときには、値の貼り付けをしたデータから作成するようにしましょう。

手順❸ 折れ線グラフで月／日／時間帯ごとの売上金額の推移を可視化する

　今度は、表1-5と表1-6をグラフにしていきます。いずれも売上金額の推移を表す表なので、折れ線グラフを使います。
　まずは、自社商品の月ごとの売上金額をまとめた表1-5を折れ線グラフにしましょう。

表から折れ線グラフを作成する

手順① グラフにしたい表の、ラベル部分を含むすべてを選択する（総計は含まない）

手順② 「挿入」のタブの「グラフ」のなかから折れ線グラフのアイコンをクリック（図1-31）

手順③ 表示されたメニューのなかから「2-D折れ線」の「折れ線」をクリック（図1-32）

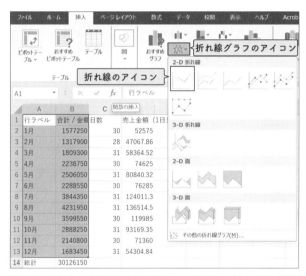

図1-31　表1-5から作成した折れ線グラフ（月ごとの売上金額の推移）

　1月から12月までの月と金額の列を選択して、棒グラフと同様の手順で折れ線グラフのアイコンをクリックし、「折れ線」もしくは「マーカー付き折れ線」を選択すると、折れ線グラフができます。今回はそれぞれの月の値をはっきりさせるために「マーカー付き折れ線」を選択しています。図1-32は、棒グラフと同じように軸ラベルと目盛りを編集したものです。折れ線グラフにすると、パッと見ただけで「8月の売り上げが高いな」とわかるようになりました。

　なお、月ごとのグラフを作成する場合、注意が必要な点があります。それは、月によって日数が違うことと、営業日数も違う場合があること

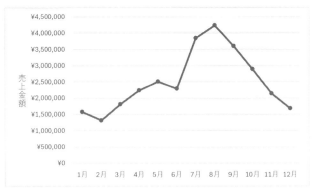

図 1-32　表 1-5 から作成した折れ線グラフ

です。そのため、月ごとの売上金額の合計よりも、1 日当たりの平均売上金額を求めたほうがよい場合があります。

　試しに、月ごとの「1 日当たりの平均売上金額」でグラフを作ってみましょう。一番わかりやすい方法は、営業日数[5] を「合計 / 金額」列の隣に入力して、さらにその隣に「金額÷日数」の数式を入力して平均を計算する方法です。

　Excel では、数式が入力されているセルを選択したとき、シートの上側にある「fx」という表示の横に入力されている数式が表示されます。図 1-33 の D2 セルには、「＝B2/C2」と入力されています。

　この表から作成した折れ線グラフが、図 1-34 です。月の列（図 1-33 の A 列）を選択したのち、「Ctrl」キーを押しながら、1 日あたりの売上金額の列（D 列）を選択して作成しました。

　続いて、時間帯ごとの売上金額の推移をまとめた表 1-6 の折れ線グラフを作成しましょう。表 1-6 の場合、表の範囲を選択して折れ線グラフを作成すると、図 1-35 のようになってしまうことがあります。

　時間は「10」〜「21」までのはずですが、行ラベルとして表示されてい

---

[5] 今回使った POS データでは、データがないのは 1 月 1 日だけだったので、それ以外の月は月の日数がそのまま入力されています。

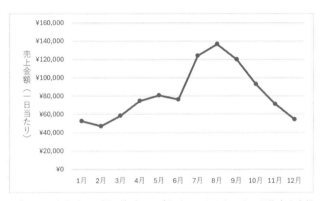

図1-33 月ごとの「1日当たりの平均売上金額」を算出する

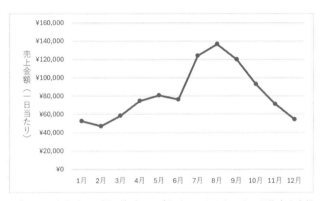

図1-34 表1-5から作成した折れ線グラフ（月ごとの1日あたりの平均売上金額の推移）

る数値は「1」～「12」になってしまっています。これは、「時間」の列に入力されている値が「10」「11」などの2桁の数字であるため、数値データとみなされているからです。表1-5の場合は、「月」の列に「1月」「2月」と「月」の文字が入っているため、横軸に使われていました。

　正しいグラフを作成する方法はいくつか考えられますが、最も簡単なのは、表内の「10」や「11」を「10時」「11時」などと変更して、「文

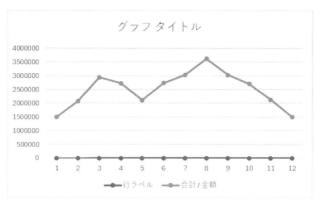

図1-35　表1-6からそのまま作成した折れ線グラフ

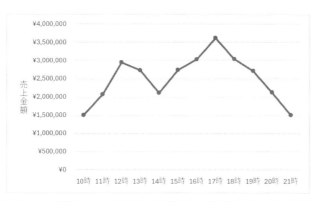

図1-36　表1-6を調整してから作成した折れ線グラフ（時間帯ごとの売上金額の推移）

字列」と認識されるようにする方法です。Excelにはオートフィルという規則性のある値を自動的に入力する機能（**Column 06** 参照）があるので、それを使うと簡単です。「10」のセルを「10時」に変更し、そのセルを選択した状態でセルの右下にカーソルを合わせると、カーソルが「＋」に換わります。その状態でドラッグすると、「11時」「12時」のように、自動的に「時」がついた状態で入力されます。

　「時間」の列に「時」を付け加えて作成した折れ線グラフが、図1-36です。

最も売上金額が高い時間帯は、17時前後の、学校や会社の帰りの時間帯であることが一目でわかるようになりました。

　最後に、日ごとの売上金額の推移をグラフにしてみましょう。日ごとの売上金額の推移表は前節までで作成していないので、ピボットテーブルであらためて作成します。「フィルター」に「メーカー」、「行」に「日付」、「値」に「金額」を入れます。ここで、「行」自動的に追加された「月（日付）」をドラッグしてエリア外にドロップして解除します。すると、図1-37のように日付ごとの売上金額の表が作成されます。

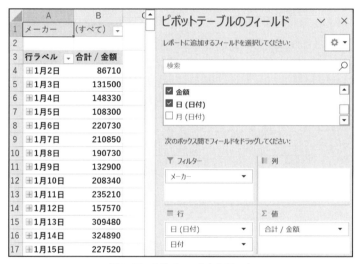

図1-37　日付ごとの売上金額の表

　この表をコピーして、別のシートに値の貼り付けをします。このデータを折れ線グラフにしたものが、図1-38です。グラフの仕様上、横軸に表示されている日付は飛び飛びになっていますが[*6]、ここでは売上推移の傾向がわかれば問題ありません。

[*6] 表示範囲に収まりきらないため省略されているだけなので、横長にするか、軸の文字を小さくすればすべて表示することも可能です。

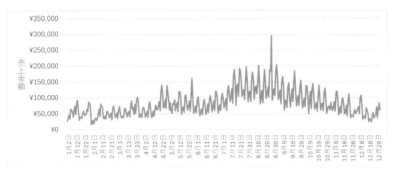

図1-38　日付ごとの売上金額の推移

　ずいぶんとギザギザしたグラフになりましたね。このグラフともとのデータを照らし合わせると、これらの細かなギザギザは、曜日ごとの売り上げの違いに起因することがわかります。また、1月末ごろに売り上げが下がっている日が何日かあること、5月末と8月末に売上金額が周りと比べて多い日があることがわかります。もとのデータを確認すると、それぞれ1月30日〜2月6日ごろ、5月27日、8月27日であることがわかります。これらの点については、第3章で掘り下げます。

1-4 提出用の資料を作成する

さて、グラフができたので、最後に報告用の資料を作成しましょう。本書では PowerPoint を使って作っていきますが、ほかのプレゼンテーションツールでも基本は同じです。

1-1 節から 1-3 節までの手順により、現在、以下の表とグラフが手元にあります。

・メーカーごとの年間の売上金額（表1-2、図1-27）
・自社商品の年間の売上個数と売上金額（表1-4、図1-28、図1-30）
・自社商品の月ごとの売上金額の推移（表1-5、図1-31、図1-34）
・自社商品の時間帯ごとの売上金額の推移（表1-6、図1-36）
・自社商品の日付ごとの売上金額の推移（図1-38）

部長からの依頼は「自社商品の売上データをグラフにして、簡単な考察を書いておいてくれ」なので、上の5つをスライドにまとめていきます。なお、スライドにグラフを貼るときに、以下の編集などを行います。

・**グラフの軸や見出しのフォントサイズの変更**
　見やすくするためにフォントサイズを大きくした
・**グラフタイトルの削除**
　スライドタイトルでグラフの内容が明らかな場合はグラフタイトルが冗長になるため削除した
・**グラフの色の変更**
　茶系飲料のグラフであるため緑系統の色にする、自社と競合他社を比較する際に自社をわかりやすくするために色を分ける、など
・**データラベルの追加**
　スライドには集計データを含めないため、必要な部分はデータラベルで集計値を示した

1-4 提出用の資料を作成する ┃ 047

以上の操作を Excel 側で行ったうえで、PowerPoint に貼り付けていきます。なお、スライドにグラフを貼る際には「図として貼り付け」を行い、グラフのサイズを変更しています。スライドにグラフをそのまま貼り付けると PowerPoint 側でグラフを編集することができる点は便利ですが、PowerPoint のテンプレートに応じた色に変更されてしまうため再度編集が必要になってくることと、PowerPoint のファイル側でデータを保持することになるためファイルサイズが非常に大きくなってしまうことの 2 点から、あまりおすすめはできません。

　実際に作成したスライド（chp1.pptx）を確認していきましょう。1 枚目は表紙です（図 1-39）。資料の内容と、担当部署と担当者がわかるように明記しましょう。今回のような調査内容を報告するスライドの場合は、調査の期間を示しておくとわかりやすいです。

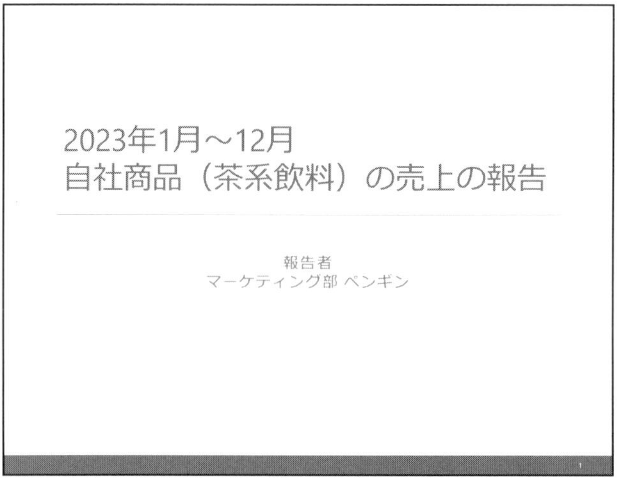

図 1-39　表紙（スライド 1 枚目）

図1-40は「メーカーごとの年間の売上金額」のグラフです。「自社商品を含む茶系飲料の1年間の売上金額」という見出しでグラフを貼り付けました。部長からは「簡単な考察も書いてくれ」と言われているので、自社の売上金額（約3,000万円）と、トップの競合A社の売上金額（約4,270万円）、および自社との売上金額の差（約1.4倍）を記載しました。また、自社と競合A社は2商品の合計、その他は1商品の合計であるため、その注意書きも入れておきました。

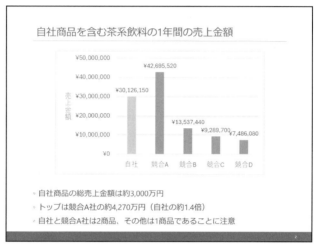

図1-40　メーカーごとの売上金額（スライド2枚目）

　図1-41は「自社商品の年間の売上個数と売上金額」のグラフです。2つのグラフを縦に並べ、右側に「緑茶」と「濃い茶」それぞれの売上個数と売上金額の概数を記載し、値の比較について記載しました。

　図1-42は「自社商品の月ごとの売上金額の推移」です。最大値や最小値を記載し、吹き出しで特徴を記入しました。考察にも同様のことを記載しました。

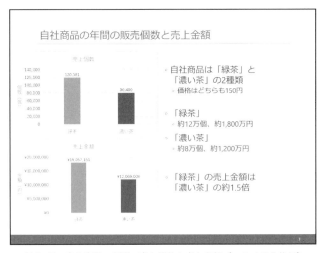

図1-41　自社商品の年間の売上個数と売上金額（スライド3枚目）

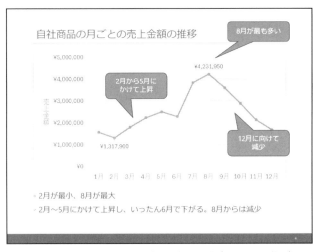

図1-42　自社商品の月ごとの売上金額の推移（スライド4枚目）

　図1-43は「自社商品の時間帯ごとの売上金額の推移」です。図1-42と同様に最大値と最小値、また最小値である21時台とほぼ同じ値となっていた10時台の値も記載しました。また、吹き出しで特徴を記入し、同様のことを考察に記載しました。さらに、この売上金額の推移

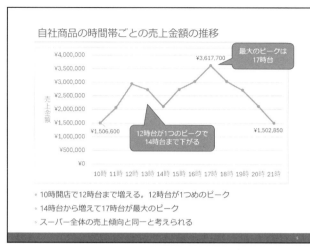

図1-43　自社商品の時間帯ごとの売上金額の推移（スライド5枚目）

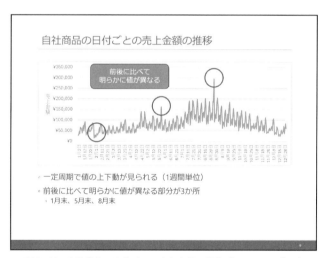

図1-44　自社商品の日付ごとの売上金額の推移（スライド6枚目）

は、スーパー全体の傾向と同じと考えられることも記載しました。

　図1-44は「自社商品の日付ごとの売上金額の推移」です。一定の周期で値の上下動していることや、前後に比べて明らかに値が異なる点があることを記載しました。

1-4　提出用の資料を作成する　｜　051

まとめ　適切な集計はマーケティングの第一歩

　この章では、「いつものPOSデータ」を集計して、報告用の資料を作りました。データ分析において、現状を把握する集計は最も基本的な工程です。Excelの場合は、フィルター機能や関数を用いて合計などを集計することも可能ですが、ピボットテーブルを使うと比較的簡単に集計できます。また、グラフ機能を使うことで、簡単に棒グラフや折れ線グラフを作成できます。

　適切な集計を行い、適切なグラフを用いてデータを表現することは、適切な解釈やマーケティング上の判断をするためには必要不可欠です。なにをもって「適切」とするかはケースバイケースなので一概にはいえないのですが、データの特性や集計の目的に沿ったかたちで集計しグラフを作成できるように意識することが重要です。もし先輩たちが作った過去の資料があるのなら、まずはそれを確認して、なにを意図してなにを集計しているのか確認してから自分の作業に入るとよいでしょう。

なんとか終業に間に合った……！

おつかれさま。意外と簡単だったでしょ？

覚えることが多くて、身についた気はしないですけど……でも、ちゃんと資料が作れてよかったです。

大丈夫、こういう集計はこれからたくさんやるから、すぐに慣れて身につくよ。じゃあ、できあがったスライドは部長に送っておいてね。

第 2 章

売り上げ、顧客層で違うよね？

― 属性ごとに集計して検定してみよう ―

- 2-1　自社商品における購入者の属性の違いを調べる
- 2-2　競合商品における購入者の属性の違いを調べる
- 2-3　購入者の属性による売り上げの違いが「本当にあるのか」を調べる
- 2-4　報告用の資料を作成する
- まとめ　属性ごとの集計でわかることがある

この章で使うファイル

- chp2.xlsx
- chp2.pptx

この章で分析するデータ

- いつもの POS データ（chp2.xlsx 内）

このあいだの報告用資料、助かったよ！ とくに、競合商品も集計してくれたおかげで、自社のポジションがわかりやすかったのがよかったね。

お役に立ててよかったです！

がんばってたもんね。

それでね、今度は、「誰に売れているのか」を掘り下げてみたいんだ。

「誰に売れているのか」？

たとえば、うちの商品と競合商品って、売れてる年代や性別がちょっと違うでしょ？ どう違うのかがわかれば、適切な宣伝や集客の施策を考えられるなと思って。

確かにそうですね、やってみます。……先輩、これってピボットテーブルを使えば、効率的に集計できたりしますか？

鋭いね。じゃあ、ピボットテーブルを使ってクロス集計をやってみよう。最後に「集計結果が妥当かどうか」の検定もしてみようか。

この章の課題

今回は、お茶系飲料に分類される商品の売り上げが、性別や年齢といった属性によって違うかどうかを調べます。集計対象は南極スーパーにおける売り上げをまとめた「いつものPOSデータ」内の、お茶系飲料に分類される自社商品や他社商品です。

これらの**売り上げが顧客の属性によって変化するか**を集計し、グラフにまとめ、報告用のスライドを作成してください。

2-1 自社商品における購入者の属性の違いを調べる

第1章では、POSデータを、「メーカー」「商品」「日付」「時間」といったごとに集計してグラフを作りました。これだけでも「一番売れている商品」や「商品が売れやすい時期」などはわかりますが、2つ以上の項目を組み合わせて集計すると、よりくわしい情報が得られる場合があります。

たとえば、売れている「商品」は、「性別」や「年代」などの顧客の属性によって売り上げが異なる可能性があります。より売れている属性がわかれば、その属性に向けたマーケティング施策を考えることができそうです。

このように、複数の項目を組み合わせた集計を行うと、1つの項目での集計ではわからなかった情報を明らかにできます。この章では、「性別」や「年代」などの属性ごと、またそれらの組み合わせでの集計を行います。

実際の集計に進む前に、属性による集計の際におさえておきたいポイントとして、「マーケティングにおける顧客の分けかた」を簡単に説明しておきます。マーケティングでは、「性別」や「年代」などの属性ごとに顧客をいくつかのグループに分類して考えることがあります。顧客を分類することを**セグメンテーション**、分類されたグループのことを**セグメント**とよびます。

セグメンテーションは、年代や性別によって行われることが多々あります。マーケティング分野では、一般に、性別と年代の組み合わせで「M1層」「F2層」などのセグメントに分けることが多いようです。Mは男性、Fは女性を指し、数字は1から順に20〜34歳、35〜49歳、50歳以上という特定の年代を指しています[1]。つまり先述の分けかたに則

---

[1] 「20代」などの年代でなく実際の年齢そのもので集計や分析を行うこともできますが、その場合は「1歳の差にどれだけ意味があるのか」という問題が出てきます。たいていは年齢そのものでなく年代で集計する、と思ってください。

ると、M1 層は 20〜34 歳の男性を、F2 層は 35 歳〜49 歳の女性を指しています。

POS データには、多くの場合、年齢や性別の情報が入っています[*2]。「いつもの POS データ」には、「性別」には「男性」「女性」の 2 つのセグメントが、「年代」には「20 歳未満」「20 代」「30 代」「40 代」「50 代」「60 歳以上」の 6 つのセグメントがあります。

手順❶ 自社商品における性別と年代ごとの売上金額の違いを調べる

まず、性別や年代による売れかたの違いを調べていきます。ここでは、自社商品に対して「性別」「年代」の 2 項目による集計を行います。こういった 2 項目以上を用いた集計のことを**クロス集計**と呼び、クロス集計によってできあがった表のことを**クロス集計表**と呼びます。表 2-1 は、性別と年齢層の購入回数を集計したクロス集計表の例です。

表 2-1　性別・年代ごとの購入回数をまとめたクロス集計表

	男性	女性	合計
20 歳未満	2,540	7,838	10,378
20 代	6,979	24,164	31,143
30 代	12,075	40,730	52,805
40 代	9,826	30,477	40,303
50 代	11,000	31,457	42,457
60 歳以上	6,464	17,291	23,755
合計	48,884	151,957	200,841

なおクロス集計は、「2 項目**以上**を用いた集計」と説明したように、3 項目以上（たとえば「商品」「性別」「年代」）で行うことも可能です。3 項目以上を用いる場合は、**多重クロス集計**と呼ぶことがあります。多重クロス集計は便利ですが、表にまとめるのが難しくなるので注意が必要です。

[*2] 少し前のコンビニでは、レジの担当者が、お客さんの見た目から性別や年代を判断してデータを入力していたようです。しかしレジ担当者の負担などの課題があり、2024 年現在では、アプリやカードなどから性別や年代の情報を取得することが一般的なようです。

Excelでクロス集計を行うときは、第1章と同様に「ピボットテーブル」という機能を用います。まずはウォーミングアップとして、「性別」と「年代」という2項目を用いて、自社商品の売上金額をまとめたクロス集計表を作成してみましょう。ピボットテーブルの作りかたがわからない場合は、1-3節の**手順③**を参照してください。

ピボットテーブルで2項目のクロス集計を行う

手順① グラフにしたい表のラベル部分を含むすべてを選択し、ピボットテーブルを作成する

手順② ピボットテーブルのフィールド（図2-1右）の「行」に「年代」を、「列」に「性別」を、値に「金額」を、「フィルター」に「メーカー」を入れる

手順③ 表示された表の上部にあるフィルターから「自社」を選択する

今回は「年代」と「性別」による売上金額の違いを調べたいので、それぞれの項目を「行」と「列」に入れました。また、調べたいものは売上金額なので、「金額」を「値」に入れています。さらに、自社商品だ

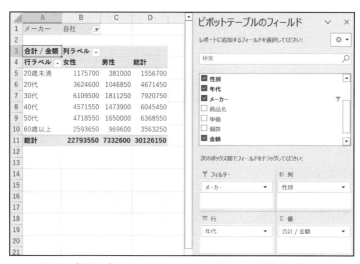

図2-1 「性別」「年代」の2項目による自社商品の売上金額の集計表

2-1 自社商品における購入者の属性の違いを調べる

けを抽出したいので、「フィルター」に「メーカー」を入れたうえで、「自社」でフィルターをかけました。これで、性別と年代ごとの自社商品の合計売上金額を得ることができました（図2-1）。

第1章と同じように、この表は別のシートに「値の貼り付け」しておきましょう*3。表2-2は、ピボットテーブルの表を「値の貼り付け」したうえで、「男性」と「女性」の列を入れ替えたものです。列の入れ替えを行った理由は、**Column 04** を参照してください。

表 2-2　性別・年代ごとの自社商品の売上金額

	男性	女性
20 歳未満	381,000	1,175,700
20 代	1,046,850	3,624,600
30 代	1,811,250	6,109,500
40 代	1,473,900	4,571,550
50 代	1,650,000	4,718,550
60 歳以上	969,600	2,593,650

Column 04
誤読されにくいグラフを作るための配慮

表 2-2 を作るときに「男性」と「女性」の列の順序を入れ替えました。これは、色によって男女の値を読み間違える可能性を下げるための処理です。

Excel の棒グラフは、テーマや配色にもよりますが、標準設定ではグラフの色が青→赤の順に表示されます。最も左側にある項目が青で表示される、ということです。今回のように性別で分かれている資料の場合、「青は男性」「赤は女性」と受け取られやすい傾向にあります。逆の色だと読み間違えられる可能性が高くなるため、誤

---

*3 ピボットテーブルでできた表を「値の貼り付け」しておく理由は、第 1 章の **Column 01** を参照してください。

解を招かないよう、あらかじめ列を入れ替えておくか、個別に色を変更することをおすすめします。

　ただし、赤と青の2色があったときに「赤は女性、青は男性」とするのは、古典的なジェンダーのイメージによるものです。そもそも性別のイメージと紐付いていない色の組み合わせ（緑と紫など）や、明るさの違う同系色の組み合わせ（明るい水色と紺など）などを選択してもよいでしょう。

　なお、色の組み合わせを考える際は、「誤解を招きやすい配色でないか」「その色が特定のイメージと紐付いていないか」だけでなく、「どの色覚の人でも見分けられるか」という点も配慮が必要です。さきほど例として挙げた「緑と紫」「明るい水色と紺」などは、少数派の色覚の人でも見分けやすい組み合わせです。

　グラフの配色は、意外と考えるべきことが多いものです。本書では深く踏み込みませんが、気になる人は「ジェンダーレスカラー」「カラーユニバーサルデザイン」などで調べてみるとよいでしょう。

　では、表2-2からグラフを作成します。今回は売上金額の違いを表現したいので、棒グラフを作成しましょう。

🗒 クロス集計表から棒グラフを作成する

手順① グラフにしたい表の、ラベル部分を含むすべてを選択する

手順② 「挿入」タブ→「グラフ」グループ→「棒グラフ」アイコン→「2-D縦棒」内の「集合縦棒」のアイコンを選択する

手順③ 出てきたグラフの「グラフタイトル」を削除する

手順④ 軸ラベルを編集し、目盛りに単位記号と桁区切りカンマを入れる

　図2-2は、できあがった棒グラフです。棒グラフの作成手順がわからない場合は、1-3節の**手順❷**を参照してください。

2-1　自社商品における購入者の属性の違いを調べる　｜　059

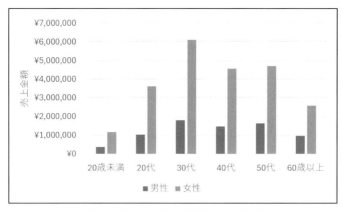

図 2-2　性別・年代ごとの自社商品の売上金額

このグラフを見ると、どの世代も女性の購買が多いこと、世代間で見ると男女とも30代が最も購買が多いことがわかります。

手順❷ 自社商品における性別と年代ごとの売上個数の違いを調べる

売上金額と同様に、自社商品の売上個数も性別と年代ごとにクロス集計していきます。ピボットテーブルの「値」に入っている「金額」を削

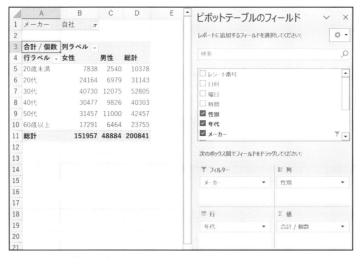

図 2-3　「性別」「年代」の2項目による自社商品の売上個数の集計表

除して、代わりに「個数」を入れましょう（図2-3）。

　自社商品が、性別と年代ごとに合計何個売れたのかが集計されました。この結果を別シートに「値の貼り付け」をして、男性と女性の列を入れ替えたものが表2-3です。これを棒グラフにすると、図2-4になります。図2-4では、縦軸のラベルの表示形式を「数値」にして、桁区切りカンマを追加しています。

表 2-3　性別・年代ごとの自社商品の売上個数

	男性	女性
20歳未満	2,540	7,838
20代	6,979	24,164
30代	12,075	40,730
40代	9,826	30,477
50代	11,000	31,457
60歳以上	6,464	17,291

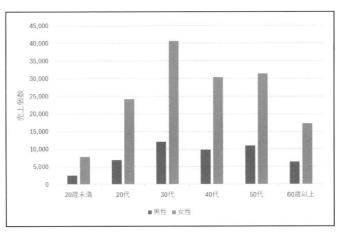

図 2-4　性別・年代ごとの自社商品の売上個数

手順❸ 自社商品における性別と年代ごとの販売回数の違いを調べる

　今度は、売上個数ではなく販売回数を調べてみましょう。売上個数の

集計では、値として「売上個数の合計」が表示されていました。同じ人が1回の会計で1つ購入すれば「1」、5つ購入すれば「5」とカウントされる、ということです。一方、今度調べたい販売回数は、同じ人が1回の会計で1つ購入しても「1」、5つ購入しても「1」とするカウントです。つまり、その商品に対して会計が行われた回数であり、データ的にいえば「自社商品を扱ったレコードの数」となります。販売回数がわかると、売上個数の合計を販売回数の合計で割ることで、1回の会計あたり平均何個買われているかを求めることができます。この値が大きい商品はまとめ買いされやすい商品、そうでない商品は単品買いされやすい商品と判断できます。

　ピボットテーブルを操作していきましょう。値のフィールドの右端にある「▼」から「値フィールドの設定」を開いてください。「値フィールドの集計」下にあるプルダウンリストを開いて「個数」を選択すると、性別と年代ごとの販売回数が得られます（図2-5）。

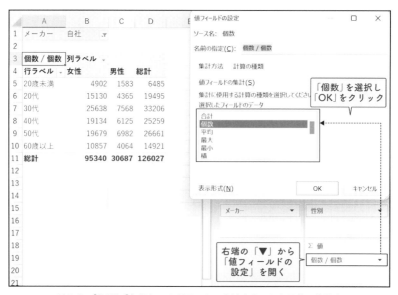

図2-5　「性別」「年代」の2項目による自社商品の販売回数の集計表

手順❹ 自社商品の購入者について性別と年代の構成比率を調べる

　売上金額や売上個数のクロス集計によって、「女性のほうが多く購入する傾向にありそうだ」「30代の購入が最も多いようだ」という傾向が見えてきました。ここで、購入者の属性による違いをより明確にするために、自社商品の売上金額における、購入者の性別と年代の比率を求めてみましょう。比率を求めることができれば、「売上金額のうち○%が30代による購入なので、30代に最も売れている」のように、より明確な説明ができるはずです。

　では、まずは集計表を作りましょう。今回は売上金額における購入者の属性比率を求めたいので、ピボットテーブルの「値」に入っている「個数」を削除して、「金額」を入れ直してください。

　「値」に「金額」を入れたら、右端の「▼」をクリックして、「値フィールドの設定」を開いてください。中央にあるタブの「計算の種類」をクリックして、出てきた選択肢のなかから「総計に対する比率」を選ぶと、総計を100%としたときの性別と年代ごとの割合を求めることができます（図2-6）。

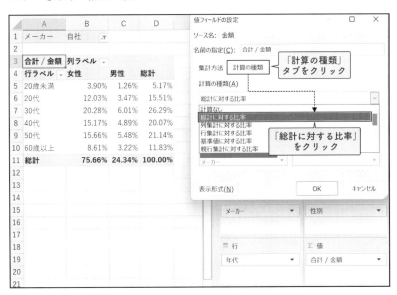

図 2-6　自社商品の売上金額における性別・年代の比率

売上金額の合計をまとめた表2-2の時点で女性の購買のほうが多いとわかっていましたが、こうして「購入者の75%強が女性である」と数値で割合を出すと、購入者の属性がよりわかりやすくなります。

表2-4は、図2-6を別シートに「値の貼り付け」して、見やすいように整えた表です。

表 2-4　自社商品の売上金額における性別・年代の比率

	女性	男性	合計
20歳未満	3.90%	1.26%	5.17%
20代	12.03%	3.47%	15.51%
30代	20.28%	6.01%	26.29%
40代	15.17%	4.89%	20.07%
50代	15.66%	5.48%	21.14%
60歳以上	8.61%	3.22%	11.83%
合計	75.66%	24.34%	100.00%

「値の貼り付け」の際、**Column 01** で紹介したように「貼り付けのオプション」の「値の貼り付け」の一番左のアイコンをクリックすると、パーセントではなく小数点の表示になってしまいます。パーセントのまま貼り付けたい場合は、図2-7のように、「値の貼り付け」の中央に

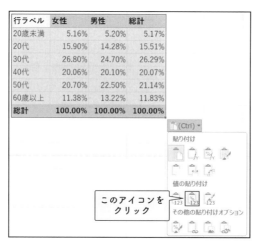

図 2-7　パーセント表示のまま「値の貼り付け」をする

ある％が描かれているアイコンをクリックしてください。

　小数点のまま貼り付けてしまった場合は、パーセントに戻したい範囲を選択して右クリックをし、表示されたメニューから「セルの書式設定」を開いてください。表示されたウィンドウの「表示形式」で「パーセンテージ」をクリックし、小数点以下を何桁まで表示したいか設定して「OK」をクリックすれば、パーセント表示に戻すことができます。

　さて、表2-4を見ると、「30代女性が全体の約20.3%を占めていること」や、「男性で最も購入数が多い30代よりも、女性で2番目に購入数が少ない60歳以上のほうが購買数が多いこと」などがわかります。

　さらに、「計算の種類」で「行集計に対する比率」を選ぶと、各行（ここでは年代）の合計を100%とした場合の性別の割合を求められます。また、「列集計に対する比率」を選ぶと、各列（ここでは性別）の合計を100%とした場合の年代の割合が求められます。

　図2-8は、「列集計に対する比率」を求めた状態です。各性別の総計が100%となっており、それぞれの性別においてどの年代が最も多く購入したかがわかるようになっています。

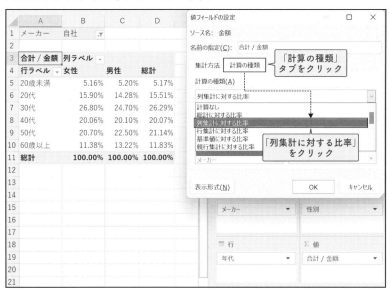

図2-8　各性別を100%とした場合の性別に対する年代の比率

図2-8でできた表を別シートにパーセント表示で「値の貼り付け」を
したものが、表2-5です。最右列の「合計」は購入者全員を100%とし
た場合の年代の比率であり、表2-5と同じなので、省いています。

表2-5　各性別を100%とした場合の性別に対する年代の比率

	女性	男性
20歳未満	5.16%	5.20%
20代	15.90%	14.28%
30代	26.86%	24.70%
40代	20.06%	20.10%
50代	20.70%	22.50%
60歳以上	11.38%	13.22%

今度は、表2-5からグラフを作成しましょう。男性と女性の年代によ
る比率を表すデータなので、帯グラフを用います。

📊 性別ごとの年代の比率のグラフを作成する

手順① グラフにしたい表の、ラベル部分を含むすべてを選択する

手順② 「挿入」タブ→「グラフ」グループ→「棒グラフ」アイコン→「2D横
棒」内の「100%積み上げ横棒」アイコンを選択する（図2-9）

手順③ 「グラフのデザイン」タブから「行／列の切り替え」をクリック（図
2-10）

手順④ 「グラフタイトル」を削除する

手順⑤ 「グラフのデザイン」タブから「グラフの要素を追加」をクリック
し、「線」を選択し「区分線」をクリック（図2-11）

手順⑥ 同様に、「グラフの要素を追加」から「データラベル」を選択し「中
央」をクリック

Excelの帯グラフは、「100%積み上げ横棒（縦棒）」という名前で、
棒グラフアイコン内に入っています。棒グラフアイコン内の「2D横棒」
のなかから「100%積み上げ横棒」アイコンをクリックします（図2-9）。

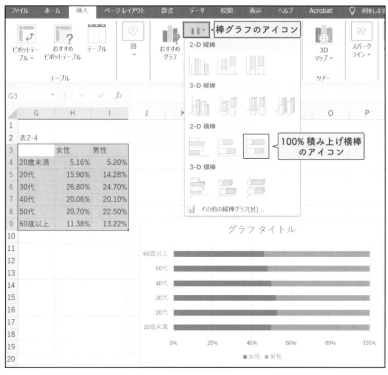

図2-9 帯グラフ（100%積み上げ横棒）の作成

　手順②を実行した時点では「各年代における男女比」のグラフが表示されていますが、ここでグラフにしたいのは「各性別における年代比」です。「グラフのデザイン」タブから「行／列の切り換え」をクリックすると、各性別における年代比のグラフに変換できます（図2-10）。

　Excelの「100%積み上げ横棒グラフ」は、選択したデータの上や左にある項目を、グラフでは下に表示します（下から順に表示される）。そのため、意図と逆になってしまった場合、今回の手順のように順番を入れ替えるか、「値の貼り付け」をしたあとに順番を考慮して表を編集するとよいでしょう。

　手順に戻ります。できあがったグラフを編集しましょう。まず、「グラフタイトル」は不要なので削除します。続いて、男女で年代比がどれ

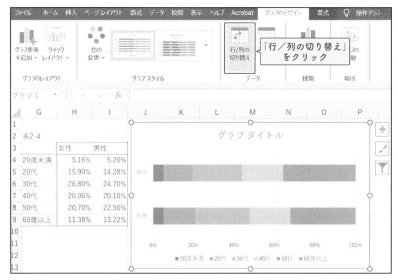

図 2-10 「行/列の切り換え」を行う

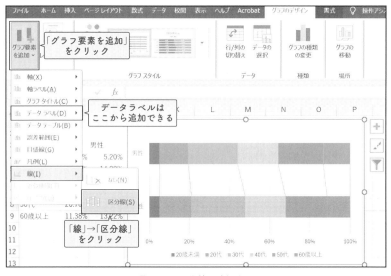

図 2-11 区分線を追加する

くらい違うのか明確にするために、同じ年代を結ぶ区分線と、グラフ内に数値を表示させるデータラベルを追加します（図2-11）。

最終的にできあがったグラフが、図2-12です。このグラフを見ると、女性のほうが男性と比較して20代と30代の購買割合が多く、そのぶん50代や60歳以上の購買割合が少ないことがわかります。

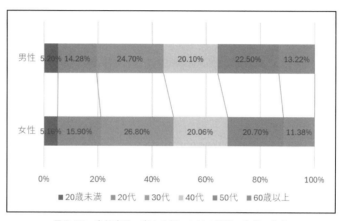

図2-12　自社商品の売上金額における性別・年代の比率

> **Column 05**
> **横棒グラフの並び順の変更**

Excelでは、100％積み上げ横棒グラフ（帯グラフ）にかぎらず横棒グラフ全般において、表の左や上にある項目がグラフの下側に表示されます。上から順に表示するためには、もとのデータの並び順を変更することが最も単純な方法ですが、グラフ側でも対応できます。架空のデータを例に手順を説明します。

表C5-1　ある日の売上個数のデータ（架空データ）

自社	競合A社	競合B社	競合C社
300	350	280	295

2-1　自社商品における購入者の属性の違いを調べる ｜ 069

表C5-1のデータで普通に横棒グラフを作成すると、図C5-1のようになります。

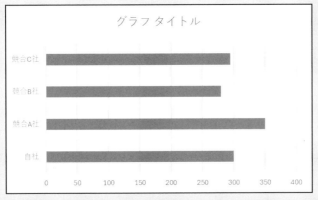

図C5-1　表C5-1から普通に作成した横棒グラフ

横軸の書式設定で、「ラベル」の「ラベルの位置」を、「軸の下／左」から「上端／右端」に変更します。また、縦軸の書式設定で、「軸のオプション」の「軸を反転する」のチェックボックスにチェックを入れます。すると、図C5-2のようになります。

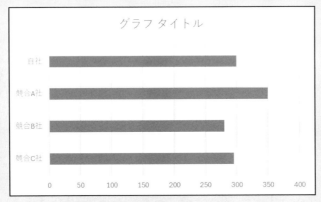

図C5-2　横棒グラフの上下の順序を入れ替えた状態

2-2 競合商品における購入者の属性の違いを調べる

　前節では、自社商品に対して、性別と年代によるクロス集計を行いました。売上金額および個数をまとめて棒グラフを作成し、購入者の性別ごとの年代比率もまとめて帯グラフを作成しました。しかしこれだけでは自社の顧客のことしかわからないため、部長からの依頼における「競合他社とどう違うのか」という部分に対応できません。

　そこで本節では、競合メーカーに対してクロス集計を行います。商品によって値段が異なるため、ここでは売上金額ではなく売上個数を軸にして分析を行いましょう。

手順❶ 競合他社における性別と年代ごとの売上個数の違いを調べる

　ピボットテーブルのシートを開き、行に「年代」を、列に「性別」を、値に「個数」を、フィルターに「メーカー」を入れてください。これまでと同様に、別のシートにデータの貼り付けを行い、表や棒グラフを作成していきます。

　ここでは、第1章で最も売上金額が大きかった、競合A社の集計を行います。「競合A」でフィルターをかけて得られたピボットテーブルの表を、「値の貼り付け」したのち編集したものが表2-6です。また、表2-6を棒グラフにしたものが図2-13です。

表2-6　年代・性別ごとの競合A社の売上個数

	男性	女性	合計
20歳未満	3,964	9,813	13,777
20代	8,235	22,661	30,896
30代	12,788	35,578	48,336
40代	15,132	38,2997	53,429
50代	21,789	51,643	73,432
60歳以上	13,267	33,680	46,947
合計	75,175	191,672	266,847

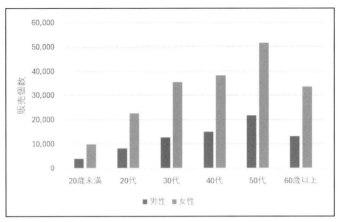

図 2-13　年代・性別ごとの競合 A 社商品の売上個数

　おおよその性別と年代の傾向を見ることができました。図 2-2 と比較すると、どうやら競合 A 社の商品は、自社商品よりも上の年代の支持を集めているようです。ほかのメーカーについても同様に、表にまとめてグラフ化してみましょう。

手順❷ 自社と競合他社における購入者の属性の違いを比較する

　競合メーカーでフィルターをかけることで、各メーカーの売上個数や、購入者のおおまかな傾向が見えてきました。ここからは、自社と他社を具体的に比較していきましょう。

　表 2-7 は、自社の売上個数をまとめた表 2-3 と、競合 A 社の売上個数をまとめた表 2-6 を合わせたうえで、自社や競合 A 社を含む全社の販売個数のデータも追加したものです。自社や競合 A 社を含む全社の売上個数データは、ピボットテーブルのメーカーのフィルターで「(すべて)」を選択することで得られます。

　表 2-7 を帯グラフにしたものが、図 2-14 です。ほかの図からも明らかでしたが、帯グラフにしたことで、全体的に女性のほうが多く購買していることが明確に可視化されました。

　自社と他社の違いを確認していきましょう。まず自社商品は、競合 A 社や全社と比較して、20 代や 30 代の女性による購買が多いことがわ

表 2-7　自社・競合 A 社・全社における性別・年代ごとの売上個数

	自社	競合 A 社	全社
男性 20 歳未満	2,540	3,964	9,264
男性 20 代	6,979	8,235	21,738
男性 30 代	12,075	12,788	35,757
男性 40 代	9,826	15,132	35,443
男性 50 代	11,000	21,789	46,809
男性 60 歳以上	6,464	13,267	28,181
女性 20 歳未満	7,838	9,813	24,904
女性 20 代	24,164	22,661	67,154
女性 30 代	40,730	35,578	108,567
女性 40 代	30,477	38,297	97,851
女性 50 代	31,457	51,643	119,413
女性 60 歳以上	17,291	33,680	72,066

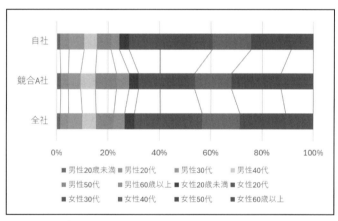

図 2-14　自社・競合 A 社・全社の売上個数における性別・年代の比率

かります。男性も同様に、20 代や 30 代による購買が多くなっています。一方で、50 代や 60 歳以上の比率は、競合 A 社や全社と比較して少なくなっています。

つまり自社商品は、業界全体に比べて、比較的若い世代に好まれていることがわかります。また、業界で最も売上金額が大きい競合 A 社は、比較的年齢の高い世代に好まれていることがわかります。

2-3 購入者の属性による売り上げの違いが「本当にあるのか」を調べる

　これまでの集計で、自社商品の売り上げは性別や年代によって異なることがわかりました。また、競合と比較して、自社商品は若い世代によく購入される傾向にあることもわかりました。

　しかしこの差は、本当に購入者の属性によって傾向の違いがあって生まれたものなのでしょうか。それとも、集計期間において「たまたま違いが出ただけ」なのでしょうか。

　こういった差について、「偶然起こっただけ」なのか、それとも「本当に差がある」のかを確認する方法として、**統計的仮説検定**（以下、**検定**）があります。検定を行うことで、集計や分析の信頼度を上げることができます。

　この節では、最初に検定について説明したのち、これまでの集計の結果が「偶然なのか、本当に差があるのか」を検定していきます。

手順❶ 本当に差があるかどうか調べる「統計的仮説検定」を知る

　統計的仮説検定は、データ分析を行う際にしばしば使われる手法で、「ある仮説が客観的に見て正しいかどうか」を判定するものです。おおまかにいうと、以下の4ステップで行います。

> 手順① 母集団と標本を決め、標本データを収集する
> 手順② 帰無仮説と対立仮説を設定する
> 手順③ 標本データからP値を算出する
> 手順④ 帰無仮説が棄却されるか否かを判断する

　知らない用語も多いと思うので、具体例を通して1つずつ確認していきましょう。

　まずは、検定を必要とするシチュエーションをいくつか考えてみます。たとえば、ある商品において性別と購買に関する調査を行ったとき

に、「男性100人のうち60人が購買する」「女性100人のうち50人が購買する」という結果が得られたとします。この調査は男性・女性それぞれ100人を対象にしていますが、「この商品を購入する可能性がある人」は実際にはもっと多く、調査対象の100人ずつは、あくまで「たまたま選ばれた」だけの人たちです。

このとき、「購買する」と答えた人の男女差は10人ですが、この10人分の差は「選ばれた100人ずつによってたまたま起きた差である」と考えるべきでしょうか？ それともたまたまではなく「違う100人ずつを選んでも（差の人数は多少違えど）男性の購入者が多い」と考えるべきでしょうか？

別の例も考えてみましょう。製造レシピにおいて、「完成時の重さ100g」と定められたパンがあるとします。このパンの製造過程においてランダムに10個を選んで計測したところ、平均103gとなりました。このとき、3gの重さは「誤差の範囲」と考えられるでしょうか？

こういった場面で用いられるのが、統計的仮説検定です。検定では、選ばれた対象のことを**標本（サンプル）**、選ばれた数のことを**標本の大きさ（サンプルサイズ）**、標本から得られたデータを**標本データ**と呼びます。また、標本を選ぶ全体の集団のことを**母集団**と呼びます。

上の例の場合、「商品を購入する可能性があるすべての男性」「商品を購入する可能性があるすべての女性」が「母集団」であり、その母集団から選んだ「男性100人」と「女性100人」が「標本」となります。

もし母集団のデータをすべて取得することができれば、「差があるかどうか」は明確にわかります。しかし、現実的には母集団のデータをすべて取得することは困難です。そのため、母集団を代表する集団として「標本」があると考え、「標本のデータ」と「母集団のデータ」に差があるかどうかを検定で判断していきます。

最初に述べたとおり、検定は「ある仮説が客観的に見て正しいかどうか」を判定するものです。仮説が正しいかどうか調べるので、当然「仮説を立てること」が必要となります。検定では、帰無仮説と対立仮説と

2-3 購入者の属性による売り上げの違いが「本当にあるのか」を調べる | 075

いう 2 つの仮定を設定します。

　帰無仮説は、標本で見られた差が、母集団においては「差がない」「等しい」とみなすものです。一方で**対立仮説**は、帰無仮説を否定するものです。上の例でいえば、帰無仮説は「ある商品の購入は男性と女性で差がない」や「商品の重さは 100 g に等しい」、対立仮説は「ある商品の購入は男性と女性で差がある」や「商品の重さは 100 g に等しくない」、もしくは「ある商品の購入は男性のほうが女性より多い」や「商品の重さは 100 g より大きい」となります。

　2 つの仮説を立てたら、「帰無仮説が成り立っている」と仮定して、標本データで得られた状況が起きる確率を計算します。この値のことを、**有意確率**（P 値）といいます。P 値がめったに起きないような小さな値であった場合、「帰無仮説が成り立っている」と仮定したことが誤りだと考えます。つまり帰無仮説が成り立っていると仮定した状況でたまたま起こった差ではなく、意味のある差（**有意差**）があったと判断して、帰無仮説を棄却し対立仮説を採択します。このときの「めったに起きないような小さな値」の基準値が**有意水準**と呼ばれ、多くの場合、5% や 1% とします。

　反対に、P 値が有意水準より大きな値だった場合、帰無仮説は棄却できません。ただし、あくまで棄却できなかっただけと考えるので、「帰無仮説を採択する」という判断にはならず、「対立仮説であるとはいえなかった」という結果になります。

　これを上の例でいえば、P 値が有意水準より小さければ、「商品の購入は男性と女性で差があった（男性のほうが多い）」や「商品の重さは 100 g に等しくない（100 g より大きい）」となります。逆に P 値が有意水準より大きければ、「商品の購入は男性と女性で差があるとはいえなかった（男性のほうが多いといえなかった）」や「商品の重さは 100 g に等しくないとはいえなかった」となります。

　なお検定は、検定したいデータの種類などによって、さまざまな種類があります。以下に挙げたものは、代表的な検定手法です。

・平均値の検定（Z 検定）

・平均値の検定（t 検定）

・等分散性の検定

・平均値の差の検定

・対応のある平均値の差の検定

・分散分析

・クロス集計表の検定（カイ 2 乗検定）

　今回はクロス集計表に関して「本当に差があるのかどうか」を知りたいので、最後に挙げた**クロス集計表の検定（カイ 2 乗検定）**を行います。クロス集計表の検定は、簡単にいえば「2 つの母集団において、ある事象が起きる割合が等しいかどうか」を判断するもので、今回のような「ある商品の購入率は男性と女性で等しいかどうか」などを調べる場合に使います。なお、クロス集計表の検定のことをカイ 2 乗検定と呼ぶことがあります。これは検定を行う際に「カイ 2 乗分布」という分布を使うことに由来しています。

　駆け足で説明したので理解できなかったこともあると思いますが、まずは実際に手を動かして検定を行ってみましょう。

手順❷ 自社商品の売上個数における性別と年代の差について検定を行う

　まず、自社商品の売り上げが、購入者の性別と年代によって差があるかどうかを調べましょう。ここでは、「自社商品を購入する可能性のある人」を「母集団」とし、「当該店舗での自社商品を購入した顧客」が「標本」と考えることにします。

　ここでは、売上個数を集計した表 2-3 のクロス集計表を標本データとみなして、クロス集計表の検定を行います。このクロス集計表からは、「性別や年代によって売上個数が異なる」ことが読み取れます。ここで、帰無仮説と対立仮説は以下のようになります。

2-3　購入者の属性による売り上げの違いが「本当にあるのか」を調べる ｜ 077

表 2-3（再掲）　自社商品の性別および年代ごとの売上個数

	男性	女性
20 歳未満	2,540	7,838
20 代	6,979	24,164
30 代	12,075	40,730
40 代	9,826	30,477
50 代	11,000	31,457
60 歳以上	6,464	17,291

・**帰無仮説**：性別と年代で差がない

・**対立仮説**：性別と年代で差がある

　仮説が設定できたので、次に P 値を算出します。クロス集計表の検定の場合、まずは得られているデータの行の和、列の和、すべて和から、各データ（たとえば「20 歳未満の男性」など）の期待度数を以下のように算出します。

期待度数

データの行和 × 列和 ÷ 総和

　期待度数とは、帰無仮説が正しいときに、各データに入る数値として期待できる数のことです。売上個数の例でいうと、「売上個数に性別や年代による差がない場合に、20 歳未満の男性の売上個数として期待できる数」となります。

　期待度数の算出に行和・列和・総和が必要なので、表 2-3 に合計の列と行を追加したものが表 2-8 です。

　表 2-8 を参照しながら、期待度数の計算をしてみましょう。たとえば、男性 20 歳未満の期待度数であれば、20 歳未満の和が 10,378、男性の合計が 48,884、総和が 200,841 なので、10,378×48,884÷200,841≒

表 2-8　表 2-3 に合計の列と行を追加する

	男性	女性	合計
20 歳未満	2,540	7,838	10,378
20 代	6,979	24,164	31,143
30 代	12,075	40,730	52,805
40 代	9,826	30,477	40,303
50 代	11,000	31,457	42,457
60 歳以上	6,464	17,291	23,755
合計	48,884	151,957	200,841

2526.0 となります。つまり、性別と年代で売上傾向に差がなければ、男性 20 歳未満はおよそ 2,526 個の購買が期待できます。すべての期待度数は、表 2-9 のように計算できます。

表 2-9　期待度数の計算

	男性	女性
20 歳未満	10,378 × 48,884 ÷ 200,841	10,378 × 151,957 ÷ 200,841
20 代	31,143 × 48,884 ÷ 200,841	31,143 × 151,957 ÷ 200,841
30 代	52,805 × 48,884 ÷ 200,841	52,805 × 151,957 ÷ 200,841
40 代	40,303 × 48,884 ÷ 200,841	40,303 × 151,957 ÷ 200,841
50 代	42,457 × 48,884 ÷ 200,841	42,457 × 151,957 ÷ 200,841
60 歳以上	23,755 × 48,884 ÷ 200,841	23,755 × 151,957 ÷ 200,841

　計算結果を表 2-10 に示します（小数第 2 位を四捨五入しています）。
　表 2-10 にまとめた期待度数は、「性別と年代で売り上げに差がない場合に想定される売上個数」です。この表 2-10 と、実際の POS データを集計したものである表 2-3 を用いて、P 値を算出します。Excel では、CHISQ.TEST 関数で算出[4]できます（図 2-15）。任意のセルに、以下のように関数を入力してください。

---

*4 理論的には、途中でカイ 2 乗値という値を用います。

2-3　購入者の属性による売り上げの違いが「本当にあるのか」を調べる　｜　079

表 2-10　表 2-9 の期待度数

	男性	女性
20 歳未満	2526.0	7852.0
20 代	7580.1	23562.9
30 代	12852.6	39952.5
40 代	9809.6	30493.4
50 代	10333.9	32123.1
60 歳以上	5781.9	17973.1

CHISQ.TEST 関数（クロス集計表の検定の P 値の算出）

＝CHISQ.TEST（集計値表の範囲,期待度数表の範囲）

　図 2-15 の場合、実際の集計値である C4 セルから D9 セル、および期待度数である H4 セルから I9 セルのデータを使うので、「＝CHISQ.TEST（C4:D9, H4:I9）」と入力しています。

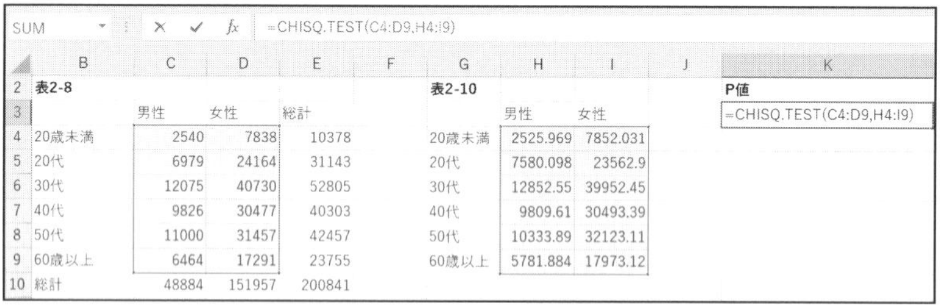

図 2-15　クロス集計表の検定の実施

　Enter を押して関数を実行すると、P 値は「3.08376E-60」となりました。

　Excel で計算を行う際にときどき見かける「E＋数値」や「E-数値」という表示は、非常に大きな値や小さな値を表現するもので、「10 の数値乗」を意味しています。つまり「3.08376E-60」は「3.08376×10^{-60}」

を意味しており、P値は非常に小さな値となりました。

有意水準を5%とした場合、P値のほうが明らかに小さいので、帰無仮説を棄却します。よって対立仮説が採択され、「性別と年代で購入個数に差がある」という結論となります。クロス集計によって見えた差は「たまたま」ではなかった、ということです。

手順❸ 自社と競合A社の売上傾向の差について検定を行う

同様に、自社と競合A社のあいだの売上傾向の差についても調べてみましょう。今回の場合は、「自社商品および競合A社の商品を購入する可能性のある人」を「母集団」とし、「当該店舗での自社商品・競合A社商品を購入した顧客」が「標本」と考えることにします。

検定対象とするデータは、自社と競合A社と全社の売上個数を性別と年代ごとに比較した表2-7から、自社および競合A社の列を取り出したうえで、行和・列和・総和を計算した表2-11です。

この場合、帰無仮説と対立仮説は以下のようになります。

表2-11 自社と競合A社における性別と年代ごとの売上個数

	自社	競合A社	合計
男性20歳未満	2,540	3,964	6,504
男性20代	6,979	8,235	15,214
男性30代	12,075	12,788	24,863
男性40代	98,26	15,132	24,958
男性50代	11,000	21,789	32,789
男性60歳以上	64,64	13,267	19,731
女性20歳未満	7,838	9,813	17,651
女性20代	24,164	22,661	46,825
女性30代	40,730	35,578	76,308
女性40代	30,477	38,297	68,774
女性50代	31,457	51,643	83,100
女性60歳以上	17,291	33,680	50,971
合計	200,841	266,847	467,688

2-3 購入者の属性による売り上げの違いが「本当にあるのか」を調べる | 081

- **帰無仮説**：自社と競合 A 社のあいだで、性別と年代の組み合わせ
  による売上個数の差はない
- **対立仮説**：自社と競合 A 社のあいだで、性別と年代の組み合わせ
  による売上個数の差がある

　期待度数を算出すると、表 2-12 になります（小数第 2 位を四捨五入
しています）。

表 2-12　表 2-11 の期待度数

	自社	競合 A 社
男性 20 歳未満	2793.0	3711.0
男性 20 代	6533.4	8680.6
男性 30 代	10677.0	14186.0
男性 40 代	10717.8	14240.2
男性 50 代	14080.7	18708.3
男性 60 歳以上	8473.2	11257.8
女性 20 歳未満	7579.9	10071.1
女性 20 代	20108.2	26716.8
女性 30 代	32769.2	43538.8
女性 40 代	29533.9	39240.1
女性 50 代	35685.9	47414.1
女性 60 歳以上	21888.7	29082.3

　表 2-11 と表 2-12 を用いて、図 2-16 のように P 値を計算します。
　計算を実行すると、P 値は 0 になってしまいました。Excel の計算精
度の問題がありますが、かなり小さな値であることは確実のようです。
　有意水準を 5% とした場合、P 値のほうが明らかに小さいので、帰無
仮説を棄却します。よって対立仮説が採択され、「自社と競合 A 社のあ
いだで、性別と年代の組み合わせによる売上個数の差がある」という結
論となります。

| SUM | | × ✓ f_x | =CHISQ.TEST(C4:D15,H4:I15) | | | | | | | |

	B	C	D	E	F	G	H	I	J	K
2	表2-11					表2-12				P値
3		自社	競合A社	合計			自社	競合A社		=CHISQ.TEST(C4:D15,H4:I15)
4	男性20歳未満	2540	3964	6504		男性20歳未満	2793.037	3710.963		
5	男性20代	6979	8235	15214		男性20代	6533.405	8680.595		
6	男性30代	12075	12788	24863		男性30代	10677.01	14185.99		
7	男性40代	98,26	15132	24958		男性40代	10717.81	14240.19		
8	男性50代	11000	21789	32789		男性50代	14080.7	18708.3		
9	男性60歳以上	64,64	13267	19731		男性60歳以上	8473.157	11257.84		
10	女性20歳未満	7838	9813	17651		女性20歳未満	7579.935	10071.07		
11	女性20代	24164	22661	46825		女性20代	20108.23	26716.77		
12	女性30代	40730	35578	76308		女性30代	32769.23	43538.77		
13	女性40代	30477	38297	68774		女性40代	29533.88	39240.12		
14	女性50代	31457	51643	83100		女性50代	35685.94	47414.06		
15	女性60歳以上	17291	33680	50971		女性60歳以上	21888.67	29082.33		
16	合計	200841	266847	467688						

図 2-16 年代・性別ごとの自社と競合A社の売上個数に対する検定

　最後に、一点注意すべきことがあります。今回は「母集団」を「自社商品を購入する可能性のある人」、「標本」を「当該店舗での自社商品を購入した顧客」としました。つまり、当該店舗の売り上げが全体の売り上げの一部であり、顧客はランダムに選ばれた「標本」だとみなしていることになります。しかし、当該店舗のみを考えるのであれば「母集団」は「当該店舗での自社商品を購入した顧客」となるので、検定を行う必要はなくなり、集計によって得られた差がそのまま意味のある差となります。

　このように、検定の要否は状況や考えかたによって変わってきます。そのため、Excel などの操作方法や用語だけでなく、検定自体についてもある程度理解しておくほうがよいでしょう。本書では統計学の理論的な説明は行いませんが、検定について学びたい方は、巻末で紹介している推薦図書を参考にしてください。

2-4 報告書用の資料を作成する

　最後に報告用に資料を作成します。2-1節から2-3節までの手順により、現在、以下の表とグラフが手元にあります。

- 自社商品の性別および年代ごとの売上金額（表2-2・図2-2）
- 自社商品の性別および年代ごとの売上個数（表2-3・図2-4）
- 自社商品における購入者の性別・年代ごとの売上金額の比率
  （表2-4・表2-5・図2-12）
- 競合A社の商品における性別と年代ごとの売上個数
  （表2-6・図2-13）
- 自社・競合A社・全社の売上個数における購入者の性別や年代の比率（表2-7・図2-14）

　さらに、「自社商品の性別および年代ごとの売上個数」と「自社商品と競合A社間の性別および年代ごとの売上個数の」の検定も実施しています。
　部長からの依頼は「自社商品と競合商品は、売れている年代や性別がどう違うのか」を調べることなので、この観点でスライドをまとめていきます（図2-17）。なお、第1章と同様に、スライドにグラフを貼るときに適宜グラフの編集をしています。

図2-17　表紙（スライド1枚目）

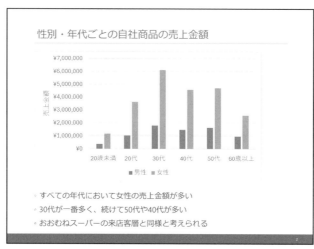

図 2-18　性別・年代ごとの自社商品の売上金額（スライド 2 枚目）

　では、実際に作成したスライドを確認していきましょう。図 2-18 は「性別・年代ごとの自社商品の売上金額」のグラフです。スライドの見出しも同様の文言にしました。このグラフは細かい売上金額を知ることが目的ではなく、性別や年代による売上金額の違いを知ることが目的なので、それぞれの値のラベル表示はしませんでした。

　グラフ下部の説明には、性別ごとの違いや年代間における売上金額の順番について記載しました。また、この傾向は一般的なスーパーの売上金額の傾向と同様と考えられる（登場人物にとっては既知の内容）ので、その点についても考察として記載しました。

　図 2-19 は、「自社商品の売上金額における性別・年代の比率」のグラフです。スライドタイトルは、少し長いですが「性別ごとの年代間の自社商品の売上金額比率」としました。性別での売上金額の割合の違いについて記載するとともに、検定結果について簡単に記載しました。

　図 2-20 は、「自社および競合 A 社の性別・年代ごとの売上個数」の比較です。商品の単価が異なるので売上金額ではなく売上個数で比較したことを記載したうえで、自社と競合 A 社での売上傾向の違いについて記載しました。

2-4　報告書用の資料を作成する　｜　085

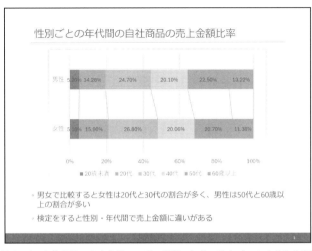

図 2-19　自社商品の売上金額における性別・年代の比率（スライド 3 枚目）

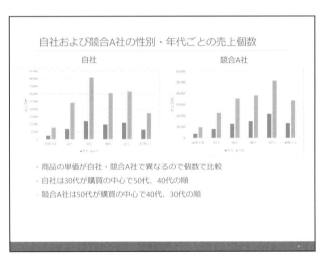

図 2-20　自社および競合 A 社の性別・年代ごとの売上個数（スライド 4 枚目）

　図 2-21 は、「自社・競合 A 社・全社の自社商品の売上金額における性別・年代の比率」のグラフです。図 2-20 では直接の競合となる競合 A 社との比較を行いましたが、ここでは全社の合計についても比較対

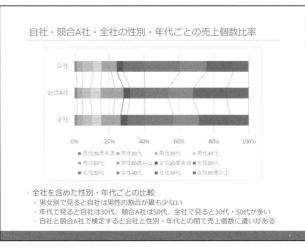

図 2-21　自社・競合 A 社・全社の売上個数における性別・年代の比率（スライド 5 枚目）

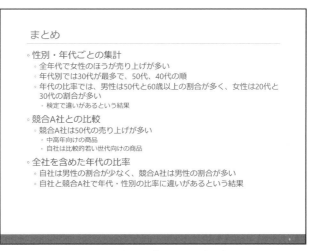

図 2-22　まとめ（スライド 6 枚目）

象としています。自社・競合 A 社・（自社・競合 A 社を含む）全社の合計間での売上傾向の比較の考察を記載しました。

最後に、考察をまとめたスライドを作成しました。

まとめ　属性ごとの集計でわかることがある

　この章では、ピボットテーブルを用いて性別や年代によるクロス集計を行いました。今回は購入者の属性ごとに売上金額や売上個数の変化があるかどうかを調べましたが、別の項目を利用したり競合A社以外に着目したりすると新しい発見があるかもしれません。実際のデータの集計でも、さまざまな観点でクロス集計を行ってみるとよいでしょう。

　また、2-3節では検定の説明を行い、Excelでの実行方法と簡単な結果の解釈を学習しました。検定は、必要か否かの判断に始まり、手法の選定や結果の解釈にも、統計学の知識が必要です。本書ではマーケティング初学者が簡単な分析を行うために最低限必要な操作方法と解釈のしかたしか解説していないので、興味がある方は巻末で紹介している推薦図書を参考にしてください。

検定、一応やってみたけどまだよくわかっていません…

難しいよね。統計ソフトを使えば検定の計算自体はかんたんにできるから、最初は用語や操作方法に慣れることと、結果を解釈することに注力すればいいよ。ただ、そのあとは統計学を勉強して、検定の理論も理解できるといいね。

先は長いです……。でも、ひとまず資料はできたので、部長に提出してきますね。

第 3 章

季節ごとの売上傾向ってわかる？

－時系列データを集計してみよう－

3-1　商品ごとに売り上げの推移をまとめる
3-2　報告用の資料を作成する
まとめ　時系列での変化を意識しよう

この章で使うファイル
- chp3.xlsx
- chp3.pptx

この章で分析するデータ
- いつものPOSデータ
（chp3.xlsx 内）

性別や年代での集計、ありがとう！ ピボットテーブルを使いこなせているみたいだね。

はい、けっこう自信がついてきました。

いいね。じゃあ、このあいだの報告にあった売上推移について、もう少しくわしくまとめてもらうこともできるかな？

もう少しくわしく、と言うと……？

お茶ってさ、夏によく売れるよね。そういう季節ごとの傾向って、経験的になんとなく把握してるんだけど、きちんと数字で知っておきたいんだ。

わかりました、やってみます。でも、「傾向を調べる」って、どんなふうに資料にまとめればいいんでしょう？

推移を見たい場合は、折れ線グラフを使うといいよ。そしてグラフから「どんな月にどんな動きをするか」「どんな規則性があるか」を解釈して、さらに調べていくんだ。一緒にやってみよう。

この章の課題

商品の売り上げは、季節によって変化する場合があります。たとえば、夏にアイスや清涼飲料の売り上げが増えそうなことは、経験的に理解できると思います。
今回は、南極スーパーにおけるお茶系飲料の売り上げについて、**季節でどのように変化するかを集計・グラフ化**しその結果の解釈を行い、報告用のスライドを作成してください。また、季節以外にも規則性が見られる場合、たとえば**曜日によって特定の傾向**が見られる場合は、それも併せて報告してください。

3-1 商品ごとに売り上げの推移をまとめる

　第1章では自社商品の売り上げについて、月ごとや日ごとの集計を行い、グラフを作成しました。また、第2章では年齢や性別による売り上げの違いを調べるためにクロス集計を行い、グラフ化と検定により比較を行いました。そして本章では、「一定期間の推移」の集計と比較を行います。

　冒頭で部長が発言しているように、「季節によって商品の売り上げが変化すること」は、皆さんも経験的・感覚的に理解しやすいと思います。たとえば花火なら夏に、使い捨てカイロなら冬に売れやすいように、商品やジャンルごとに季節での売り上げの傾向は異なると考えられます。また、商品によっては、特定の日や特定の時期に多く売れることがあるかもしれません。もちろん毎年同じような推移を経るとはかぎりませんが、推移の傾向がわかっていると、小売店は必要な仕入れ量を事前に把握できます。

　季節のような長いスパンでなく、1週間単位で見ても、曜日によって来店客数や売り上げが変化しそうです。時間帯によっても同様です。曜日や時間帯による推移の傾向がわかれば、店舗における曜日や時間帯によるセールなどの施策を考えられるかもしれません。

　そこで本章では、月ごと・日ごと・曜日ごとなどの、時系列における売上推移を集計する方法と、その集計結果をグラフ化する方法について扱っていきます。

手順❶ 月ごとの売上個数の推移を集計する

　まず、部長からの依頼にある「季節による売り上げの違い」を調べてみましょう。ここで、第1章で作成した自社商品の月ごとの売上金額のグラフ（図1-32）を再掲します（図3-1）。これは、自社商品における売上金額の月ごとの推移を表すものでした。

3-1　商品ごとに売り上げの推移をまとめる　│　091

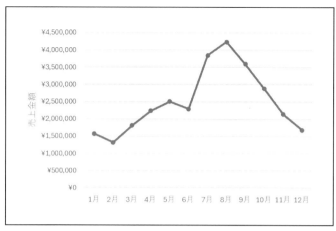

図 3-1　自社商品における 1 年間の月ごとの売上金額の推移（図 1-32 の再掲）

　このグラフから、自社商品には「季節による売り上げの違い」がありそうだ、といえます。では、競合商品はどうでしょうか？　また、この「季節による売り上げの違い」は自社商品のみの特徴なのか、競合商品も含めた「お茶系飲料」というジャンルの特徴なのでしょうか？
　部長からは、「季節ごとの傾向はなんとなく把握しているが、もう少しきちんと知りたい」と言われているので、競合商品も含めて集計を行ってみましょう。競合商品も含めた売上個数の推移を調べるために、今回もピボットテーブルを使います。「行」に「日付」、「列」に「商品名」、「値」に「個数」を入れます。今回はフィルターにはなにも入れません。
　図 3-2 のように商品ごとの売上個数の推移が集計できたら、図 3-1 のような折れ線グラフにしていきます。グラフにした際、商品名だけだとメーカーがわかりづらいので、データを別のシートに「値の貼り付け」したあと、「緑茶（自社）」「おいしい緑茶（A 社）」のように列の見出しを変更しました。さらに、自社・競合 A 社・競合 B 社・競合 C 社の順に列を入れ替えたものが表 3-1 です[1]。

---

[1] 第 1 章で自社商品の売上金額の推移を調べた際は、各月の日数の違いを考慮して 1 日あたりの平均を算出しましたが、今回は「各月の日数に大きな違いはない」とみなして月ごとの売上個数をそのまま扱っています。

図 3-2 「行」に「日付」、「列」に「商品名」、「値」に「個数」を入れた状態

表 3-1 商品ごとの月ごとの売上個数の集計（列の入れ替え・見出しの変更後）

	緑茶 （自社）	濃い茶 （自社）	おいしい 緑茶（A 社）	おいしい 濃茶（A 社）	静岡の緑茶 （B 社）	ほうじ茶 （C 社）	ウーロン茶 （D 社）
1 月	6,332	4,183	8,344	5,569	4,264	3,397	2,740
2 月	5,251	3,535	7,119	4,881	3,528	2,892	2,409
3 月	7,343	4,719	9,776	6,447	4,928	4,005	3,264
4 月	8,893	6,032	11,761	7,753	5,854	5,009	3,849
5 月	10,106	6,601	13,588	8,987	6,428	5,571	4,526
6 月	9,199	6,058	12,072	8,158	6,319	4,989	4,086
7 月	15,222	10,407	20,222	13,690	10,119	8,583	6,890
8 月	16,865	11,348	22,650	14,509	11,207	9,291	7,315
9 月	14,228	9,769	19,143	12,366	9,663	7,941	6,310
10 月	11,589	7,666	15,540	10,353	7,273	6,339	5,083
11 月	8,592	5,680	11,427	7,754	5,514	4,742	3,985
12 月	6,761	4,462	8,675	6,063	4,535	3,596	3,015

　表 3-1 を折れ線グラフにしたものが、図 3-3 です。どの月も「おいしい緑茶（A 社）」が最も売上個数が多く、「緑茶（自社）」「おいしい濃茶（A 社）」と続くことがわかります。また、「濃い茶（B 社）」と「静岡の緑茶（B 社）」は売上個数がほぼ同じとなっています。

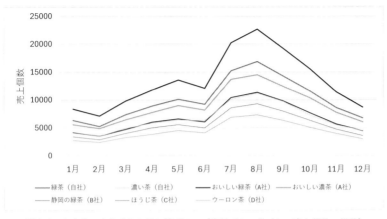

図 3-3 表 3-1 から作成した折れ線グラフ（商品ごとの月ごとの売上個数の推移）

　全体の傾向を見てみましょう。どの商品も季節による推移には同一の傾向があり、図 3-1 の自社の売上金額の推移と同じく、2 月が最も少なく、5 月に向けて増加し、いったん 6 月で下がったのち、8 月に最も大きな山が来ています。今回は 1 年分のデータしかないので、この傾向が「たまたま」なのかは判断できませんが、数年分のデータを用いて集計することができれば、この傾向がもっともらしいかどうか判断できるでしょう。

手順❷ 日ごと・曜日ごとの売上個数の推移を集計する

　お茶系飲料には、季節による売上個数の違いがあることがわかりました。部長からの依頼にはこれだけでも応えられますが、ほかにも「一定期間における推移の傾向」に特徴がないか、掘り下げて調べてみましょう。さきほどは月ごとの集計を行ったので、今度は日ごとの集計を行って傾向を見ていきます。

　ここからは、自社の「緑茶」と「濃い茶」の 2 商品と、比較対象として競合 A 社の「おいしい緑茶」と「おいしい濃茶」の 2 商品を合わせた、合計 4 商品に絞って集計することにします。ピボットテーブルの「列ラベル」右横の「▼」をクリックして、この 4 商品でフィルタリン

グしてください。さらに、「行」のフィールドにある「月（日付）」を、右横にある「▼」をクリックして「フィールドの削除」を選択し、日ごとの集計にします。得られたデータを別のシートに「値の貼り付け」して、表3-1と同様に列の見出しを変更したものが表3-2です。

表3-2　4商品の日ごとの売上個数（列の入れ替え・見出しの変更後）

	緑茶 （自社）	濃い茶 （自社）	おいしい緑茶 （A社）	おいしい濃茶 （A社）
1月2日	109	62	148	89
1月3日	141	86	234	127
1月4日	180	125	233	152
1月5日	129	95	162	103
1月6日	245	190	314	227
…中略…				
12月27日	281	197	271	232
12月28日	163	85	226	144
12月29日	248	179	337	264
12月30日	317	237	443	256
12月31日	252	155	344	231

表3-2から作成した折れ線グラフが、図3-4です。

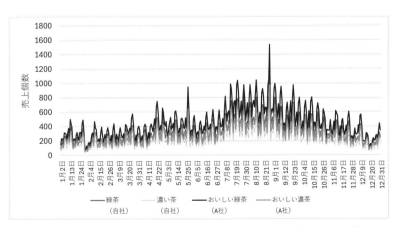

図3-4　表3-2から作成した折れ線グラフ（4商品の日ごとの売上個数の推移）

3-1　商品ごとに売り上げの推移をまとめる　｜　095

表 3-3　4 商品の日ごとの売上個数（1 月）

	緑茶 （自社）	濃い茶 （自社）	おいしい緑茶 （A 社）	おいしい濃茶 （A 社）
1 月 2 日	109	62	148	89
1 月 3 日	141	86	234	127
1 月 4 日	180	125	233	152
1 月 5 日	129	95	162	103
1 月 6 日	245	190	314	227
1 月 7 日	264	154	309	246
1 月 8 日	207	149	301	219
1 月 9 日	163	100	186	163
1 月 10 日	269	140	308	226
1 月 11 日	293	197	375	223
1 月 12 日	178	143	216	186
1 月 13 日	333	239	501	325
1 月 14 日	387	227	443	342
1 月 15 日	233	171	392	225
1 月 16 日	113	84	178	104
1 月 17 日	169	102	227	107
1 月 18 日	162	108	230	167
1 月 19 日	123	115	171	119
1 月 20 日	193	147	285	211
1 月 21 日	249	143	321	187
1 月 22 日	166	134	243	140
1 月 23 日	179	132	215	166
1 月 24 日	184	132	317	199
1 月 25 日	275	156	320	185
1 月 26 日	250	129	268	176
1 月 27 日	336	239	449	270
1 月 28 日	369	189	492	323
1 月 29 日	301	191	332	237
1 月 30 日	62	43	92	52
1 月 31 日	70	61	82	73

グラフが重なっていて見づらいですが、どの商品のグラフも、かなりギザギザした形をしています。どうやら、図3-3で確認した時期による増減のほかに、より細かな一定間隔で増減を繰り返しているようです。この細かな増減は、どのような周期で起こっているのでしょうか？

　こういう場合は、もとのデータを見るか、一部の範囲だけグラフにしてみる（拡大してみる）とよいでしょう。たとえば、表3-3のように、1月のデータだけ取り出してグラフを作成してみます（図3-5）。

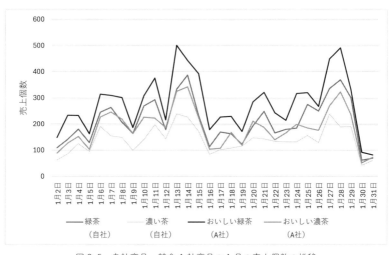

図 3-5　自社商品・競合 A 社商品の 1 月の売上個数の推移

　グラフを見ると、1月2日から4日にかけておおむね増加し、5日でいったん下がったのち、6日で増え、7日と8日はほぼ横ばいとなり、9日で下がっています。そののち11日までおおむね増加し、12日で下がり、13日で増え、14日と15日で横ばいとなり、16日で下がります。つまり、2日〜8日、9日〜15日……と、7日周期で値の増減が繰り返されているように読み取れます。

そこで、ピボットテーブルに戻って曜日で集計をしてみましょう。「行」にある「日（日付）」と「日付」を解除し、代わりに「曜日」を入れます（図3-6）。なお、「列」には「商品名」が入っており、自社と競合A社の4商品が選択されています。

図3-6 「行」を「曜日」に入れ替えて4商品でフィルタリングした状態

これを別のシートに「値の貼り付け」して、列の見出しを整えたものが表3-4、それを折れ線グラフにしたものが図3-7です。

どの商品も「土曜日＞金曜日＞日曜日」の順で売上個数の合計が多く、月曜日や木曜日の売上個数が少ないようです。また、推移を見ると、月曜から水曜にかけて増加し、木曜日にいったん下がったのち、金曜日で増え、土曜日と日曜日は高い値で横ばいとなり、月曜日に下がる、という傾向がわかります。1月2日は月曜日だったので、どうやら図3-5から解釈した「7日周期で値の増減が繰り返されている」という傾向は正しそうです。

つまり、図3-4のグラフの細かなギザギザは、曜日による売上傾向の違いによるものだと考えてよさそうです。

表 3-4　4商品の曜日ごとの売上個数の集計

	緑茶 （自社）	濃い茶 （自社）	おいしい緑茶 （A社）	おいしい濃茶 （A社）
日	19,622	13,175	26,502	17,118
月	11,806	7,680	15,808	10,483
火	14,217	9,654	19,309	12,546
水	16,944	11,328	22,020	14,903
木	11,998	8,206	16,185	10,685
金	21,616	14,319	28,565	19,293
土	24,178	16,098	31,928	21,502

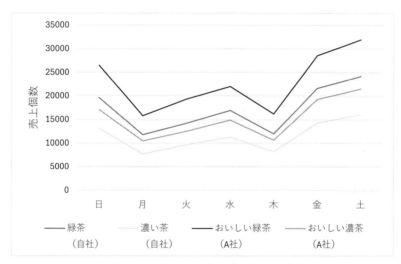

図 3-7　4商品の曜日ごとの売上個数の推移

手順❸ 7日間の移動平均を求めてグラフ化する

　ここまで、月ごとや日ごとの集計を行い、その推移をグラフにしてきました。月ごとのグラフでは、月ごとの大まかな売上傾向を見ることができました。また、日ごとのグラフでは、グラフの形から曜日ごとに売上傾向が異なることがわかりました。ただし、月ごとのグラフでは日ごとや週ごとの細かい動きは見ることができませんし、日ごとのグラフでは曜日ごとの売り上げの細かな動きが表されてしまい、月ごとで見られた売上傾向を見ることが難しくなっています。

　これらを解決するために、**移動平均**を求めてグラフ化してみましょう。移動平均とは、一定期間における平均値を、その期間をずらしながら求めていくものです。今回の例でいえば、「1月2日～1月8日までの売上個数の平均値を算出したら、次は1月3日～1月9日までの売上個数の平均値を求める」といったように、「7日間の平均」をずらしながら算出していく、というイメージです。7日間の移動平均を求めることで、曜日ごとの売り上げのばらつきを抑えたかたちで1年間の売上個数の推移をグラフ化できます。

　実際に移動平均を求めてみましょう。Excelで、自社商品2つと競合商品2つの、それぞれの移動平均を求めてみます。図3-8は、緑茶（自社）・濃い茶（自社）・おいしい緑茶（A社）・おいしい濃茶（A社）の日ごとの売上個数の集計の横に、各商品の移動平均を求める列を用意した表です。

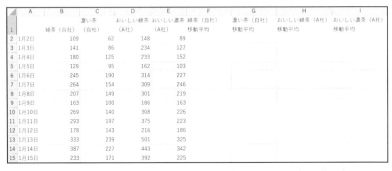

図3-8　日ごとの売上個数のデータをもとに、4商品の7日間の移動平均を求める

平均の算出には、**AVERAGE 関数**を使います。

AVERAGE 関数（平均を求める）
＝AVERAGE(開始セル：終了セル)

　今回は、週ごとの傾向を考慮して、7日間の移動平均を求めることにします。つまり、ある日付の移動平均は、その日とその日より前の6日間の平均を計算することになります。前6日分のデータがない1月2日～1月7日は移動平均が求められないため、1月8日から計算を始めます。まずは、F列に緑茶（自社）の移動平均を求めていきましょう。

🖾 移動平均を算出する

手順① 1月8日のセル（F8 セル）に「＝AVERAGE(B2:B8)」と入力して Enter を押す（図 3-9）

手順② F8 セルを選択した状態でセルの右下部にカーソルを当てる

手順③ カーソルが黒い十字型に変わったらクリックして、そのまま12月31日のセル（F365 セル）までドラッグ＆ドロップする

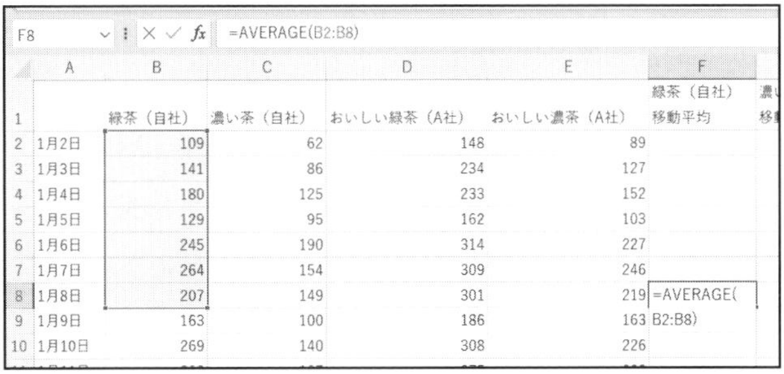

図 3-9　F8 セルに「＝AVERAGE(B2:B8)」と入力した状態（手順①）

3-1　商品ごとに売り上げの推移をまとめる　｜　101

ドラッグ＆ドロップで式が入力できたのは、Excel の**オートフィル**という機能のおかげです。今回の「そのセルの日付と前6日間の平均を求める」のように規則性のある数式を連続して入力する場合、ドラッグ＆ドロップするだけで、Excel 側が自動で数式を入力してくれます。数式にかぎらず、日付や曜日などもオートフィルで自動入力できます。オートフィルについては、**Column 06** を参照してください。

　さきほどの**手順①～③**を、G列～I列でも同様に行いましょう。実際の手順としては、F8 セルをもとに I8 列までオートフィルで埋めて、G8 セル～I8 セルを選択したうえで、I365 セルまでオートフィルで埋めるだけです（図3-10）。

	A	B	C	D	E	F	G	H	I
349	12月15日	285	176	307	218	234.2857143	154.2857143	293.4285714	206
350	12月16日	260	150	299	236	210	134.7142857	255.4285714	181.1428571
351	12月17日	199	138	267	198	191.5714286	122.2857143	233.1428571	171
352	12月18日	111	57	130	68	187.7142857	119.4285714	225	163.5714286
353	12月19日	107	106	129	95	183.1428571	117.4285714	215.7142857	161
354	12月20日	106	116	157	125	173.8571429	117.4285714	210.8571429	155.1428571
355	12月21日	103	56	114	93	167.2857143	114.1428571	200.4285714	147.5714286
356	12月22日	173	122	193	160	151.2857143	106.4285714	184.1428571	139.2857143
357	12月23日	222	134	236	169	145.8571429	104.1428571	175.1428571	129.7142857
358	12月24日	162	76	208	134	140.5714286	95.28571429	166.7142857	120.5714286
359	12月25日	158	128	213	152	147.2857143	105.4285714	178.5714286	132.5714286
360	12月26日	174	130	273	139	156.8571429	108.8571429	199.1428571	138.8571429
361	12月27日	281	197	271	232	181.8571429	120.4285714	215.4285714	154.1428571
362	12月28日	163	85	226	144	190.4285714	124.5714286	231.4285714	161.4285714
363	12月29日	248	179	337	264	201.1428571	132.7142857	252	176.2857143
364	12月30日	317	237	443	256	214.7142857	147.2857143	281.5714286	188.7142857
365	12月31日	252	155	344	231	227.5714286	158.7142857	301	202.5714286
366									

図3-10　I365 セルまでオートフィルで移動平均の算出式を入力した状態

　なお、オートフィルで埋めたそれぞれのセルの左上にはエラー警告が出ており、「！」のアイコンをクリックすると、「数式は隣接したセルを使用していません」と表示されます。このエラーは、選択した範囲に隣接するセルにも数値が入力されている場合に発生するようです。入力している計算式は正しいので、エラーは無視してかまいません。

Column 06
オートフィルと参照形式

　本文では、AVERAGE関数を使って7日間の移動平均を求めました。F8セルには1月2日（B2セル）から1月8日（B8セル）までの平均を計算するために「＝AVERAGE(B2:B8)」という式を入力しました。そののち、カーソルをセルの右下に合わせると表示される黒い十字（**フィルハンドル**）を、下方向にドラッグアンドドロップして、数式をF365セルまでコピーしました。

　このように、フィルハンドルを上下左右にドラッグしてセル内のデータをコピーする機能のことを、**オートフィル**と呼びます。今回は数式がコピーされましたが、あるセルに「1」と入力してオートフィルで下にコピーすると、ドラッグしたセルまで「1」が自動的に入力されます。また、「1」の下に「2」を入力しておき、「1」と「2」両方を選択したうえでオートフィルを使うと、「3」「4」……と連続した値が自動的に入力されます。数値だけでなく、「2010年」や「1月」と入力してオートフィルを使うと、「2011年」「2012年」……や「2月」「3月」……と自動的に入力されます。オートフィルは上下左右どの方向にもできるので、いろいろ試してみるとよいでしょう。

　なお、今回のように、コピーしたいセルに隣接するセルにもデータが入っている場合、フィルハンドルをダブルクリックをすると、隣接するセルのデータがなくなるまでコピーされます。今回であれば、E列は「おいしい濃茶（A社）」のデータがE365セルまで入っているので、F365セルまでコピーされます。

　さて、オートフィルで数式をコピーする際に知っておきたいのが、絶対参照と相対参照です。今回、コピー元のF8セルには「＝AVERAGE(B2:B8)」と入力されており、オートフィルによってこの数式がコピーされました。しかしF9セル内の数式を確認すると

3-1　商品ごとに売り上げの推移をまとめる　| 103

「＝AVERAGE(B3:B9)」となっており、参照先のセルが変わっていることがわかります。これは、F8 セルの数式が相対参照で記述されているからです。

　相対参照とは、オートフィルなどによって数式をコピーしたときに、その数式の参照先が相対的に変化するしくみのことです。今回の例でいえば、F8 セルに入力された「＝AVERAGE(B2:B8)」という数式は、「同じ行にある 1 月 8 日の値（B8 セル）から 7 日前の 1 月 2 日の値（B2 セル）までの平均を求める」というものでした。これを F9 セルにコピーすると、Excel が自動的に「同じ行にある 1 月 9 日の値（B9 セル）から 7 日前の 1 月 3 日までの値（B3 セル）の平均を求める」と参照先のセルを変更してくれます。

　さて、相対参照は便利ですが、常に同じセルを参照してほしい場合もあります。ここで活躍するのが**絶対参照**です。絶対参照とは、列や行に「$」記号を付けることで、コピーしても参照先の列や行を変わらないようにするしくみのことです。

　実際に体験してみましょう。C3 セルに「＝B3-B2」と入力したあと、「B2」の部分にカーソルがある状態で、「F4 キー」を 1 回押してください。すると、「B2」が「$B$2」に変わります。これは「B 列を絶対参照、かつ 2 行目を絶対参照」という意味なので、これをコピーしてどのセルに貼り付けても、「$B$2」は必ず B2 セルを参照します。一方「B3」は相対参照なので、貼り付けたセルの位置によって参照先が変化します。

　C3 セルで「$B$2」にカーソルがある状態でもう 1 回 F4 キーを押すと、「B$3」のように表示が変わります。これは、「列は相対参照、行は絶対参照」という意味で、貼り付け先に合わせて列は変わりますが、行は参照先が変わりません。さらにもう一度 F4 キーを押すと「$B3」と表示が変わり、これは「列は絶対参照、行は相対参照」という意味になります。このように、行と列のうち片方を絶対参照、もう片方を相対参照にすることを、**複合参照**といいます。なお、F4 キーを使わずに直接「$」を入力しても、参照形式を変えることができます。

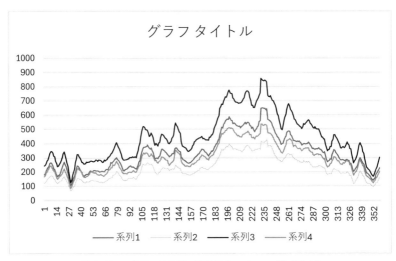

図 3-11　4 商品の 7 日間の移動平均のグラフ（作成途中）

　さて、算出した 4 商品の移動平均を、折れ線グラフにしましょう。移動平均が算出されている範囲（F8 から I365 まで）を選択したうえで、「挿入」タブから折れ線グラフを選択します。すると、図 3-11 のようなグラフが作成されます。

　横軸が日付ではなく数値になっており、凡例が商品名ではなく「系列 1」などになっています。このままだとデータに即していないので、編集します。

　グラフを選択した状態で「グラフのデザイン」タブの「データの選択」をクリックします。すると「データソースの選択」というウィンドウが出てきます。このウィンドウの左側にある「凡例項目（系列）」では、図 3-11 下部に表示されていた凡例の名称を編集できます。系列 1 が選択されている状態で、「編集」をクリックしてください（図 3-12）。

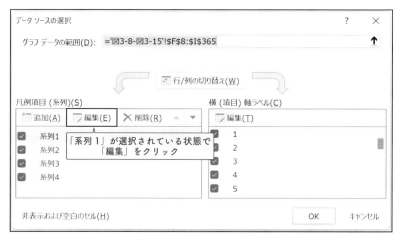

図 3-12　データの範囲の変更

すると「系列の編集」というウィンドウが表示されるので、「系列名(N)：」下の入力欄にカーソルがあることを確認したのち、「緑茶（自社）移動平均」という項目名が書かれているF1セルをクリックします。すると図3-13のように、「='図3-8-図3-15'!$F$1」という文字列が入力されます。この文字列は、『「図3-8-図3-15」という名前のシートの「F1」セル』を意味しています。

	A	B	C	D	E	F	G	H
1		緑茶（自社）	濃い茶（自社）	おいしい緑茶（A社）	おいしい濃茶（A社）	緑茶（自社）移動平均	濃い茶（自社）移動平均	おいしい緑茶（A社）移動平均
2	1月2日	109	62	148	89			
3	1月3日	141	86	234	127			
4	1月4日	180	125	233	152			
5	1月5日	129	95	162	103			
6	1月6日	245	190	314	227			
7	1月7日	264	154	309	246			
8	1月8日	207	149	301	219			43
9	1月9日	163	100	186	163	189.8571429	128.4285714	248.4285714

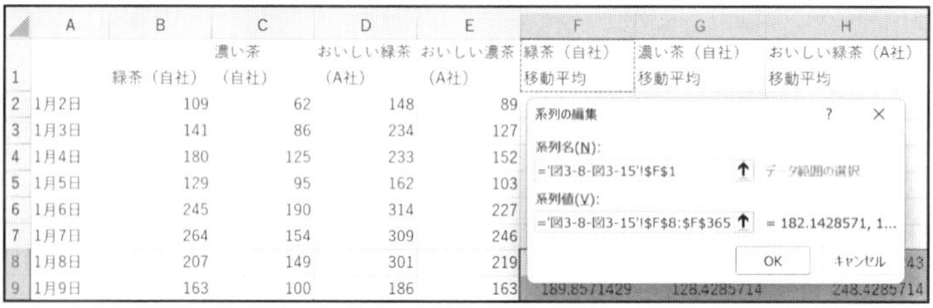

図 3-13　系列の値の変更

OKをクリックすると「データソースの選択」ウィンドウに戻ります。さきほど選択していた「系列1」が、F1セルに入力されている文字列である「緑茶（自社）移動平均」に変わっていることが確認できます。同様に、系列2にG1セル、系列3にH1セル、系列4にI1セルを

それぞれ指定すると、グラフの系列名を適切な名称に変更できます。

系列名の変更が終わったら、今度は右側にある「横（項目）軸ラベル」から、横軸に日付が表示されるように編集します。「編集」をクリックして「軸ラベル」のウィンドウを開き、日付が入力されているA8セル〜A365セルを指定します（図3-14）。

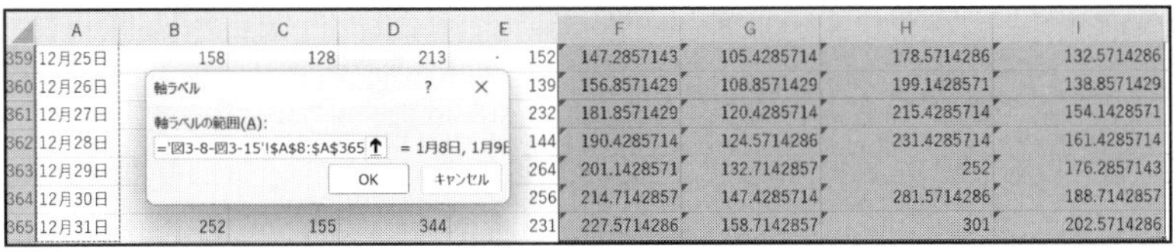

図3-14　軸ラベルの範囲の変更

OKをクリックして、グラフの横軸の表示が変わっていることを確認してください。あとは、適宜グラフタイトルや軸ラベルのフォントサイズなどを調整すると、図3-15のような移動平均の折れ線グラフが作成されます。

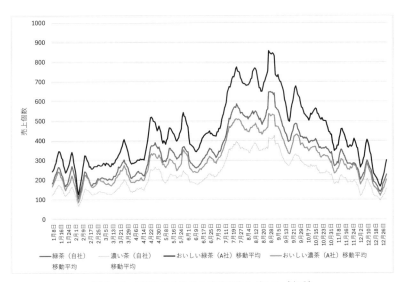

図3-15　4商品の7日間の移動平均のグラフ（完成）

図 3-15 は、図 3-4 のようなギザギザしたグラフではなくなっており、長期的な変化が見やすくなっています。まず、1 月 2 月はおおむね値が低く、徐々に増加していることがわかります。とくに 4 月半ば以降はいくつかグラフに山が見られるので、ほかの週に比べて多く購入された日があったことが読み取れます。そののち、いったん 6 月の初旬に値が下がってから 8 月に向かって増加し、そこからは 12 月に向かって減少していく傾向が見られます。

　また、2 月上旬には大きく落ち込んでいる部分があり、4 月下旬・5 月下旬・8 月下旬には大きく山になっている部分があります。とくに 8 月下旬は「凸」の字のようになっています。図 3-4 を見ても、2 月上旬の落ち込みと、4 月・5 月・8 月下旬の売上個数の増加を見て取ることができます。

　なお、本書の範囲を超えるので解説は行いませんが、より高度な分析をしたい場合には、統計解析手法である時系列分析を行うとよいでしょう。

3-2 | 報告用の資料を作成する

報告用資料を作成します。本章では、以下の表と図を作成しました。

・自社商品における 1 年間の月ごとの売上金額の推移（図 3-1）
・全商品の月ごとの売上個数の推移（表 3-1・図 3-3）
・4 商品の日ごとの売上個数の推移（表 3-2・図 3-4）
・4 商品の日ごとの売上個数の推移（1 月のみ、表 3-3・図 3-5）
・4 商品の曜日ごとの売上個数の推移（表 3-4・図 3-7）
・4 商品の 7 日間の移動平均のグラフ（図 3-15）

部長からは「季節ごとの傾向はなんとなく把握しているが、もう少しきちんと知りたい」と依頼されたので、その観点で報告書用の資料を作成します（図 3-16）。

図 3-16　表紙（スライド 1 枚目）

3-2　報告用の資料を作成する　109

図3-17は、「自社商品の月ごとの売上金額の推移」です。第1章でも報告した内容ですが、あらためてスライドに入れておきました。

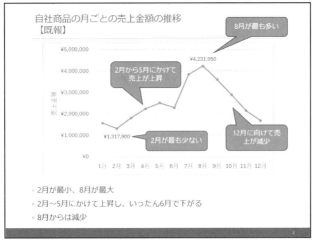

図3-17　自社商品の月ごとの売上金額の推移（スライド2枚目）

図3-18は、「全商品の月ごとの売上個数の推移」です。全商品の売上個数に、図3-17の売上金額の推移と同じ傾向があることをあらためて確認します。

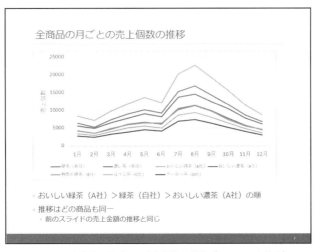

図3-18　全商品の月ごとの売上個数の推移（スライド3枚目）

図3-19は、「自社商品・競合A社商品の1年間の売上個数の推移」のグラフです。周期的に売り上げの増減が見られることを記載しました。さらに、グラフ自体は提示しませんが、1月のみのデータを取り出してグラフ化したところ、曜日での周期性が確認されたことを考察として記載しています。

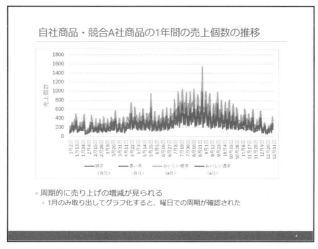

図3-19　自社商品・競合A社商品の1年間の売上個数の推移（スライド4枚目）

　図3-20は、図3-19で得られた曜日の周期性を踏まえて、「自社商品・競合A社商品の曜日ごとの売上個数の推移」のグラフを掲載しました。併せて、1週間の曜日ごとの売上個数の推移についての考察を記載しました。

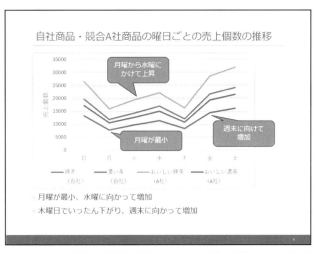

図 3-20　自社商品・競合 A 社商品の曜日ごとの売上個数の推移（スライド 5 枚目）

　図 3-21 は、「7 日間移動平均を用いた年間の売上傾向の確認」として、自社商品・競合 A 社商品に対して、7 日間移動平均のグラフを提示して考察を行いました（図 3-21）。

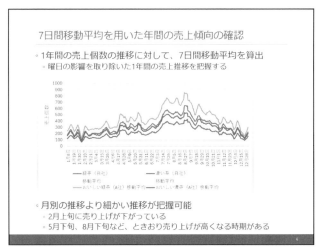

図 3-21　7 日間移動平均を用いた年間の売上傾向の確認（スライド 6 枚目）

最後に、簡単なまとめのスライドを入れています（図 3-22）。

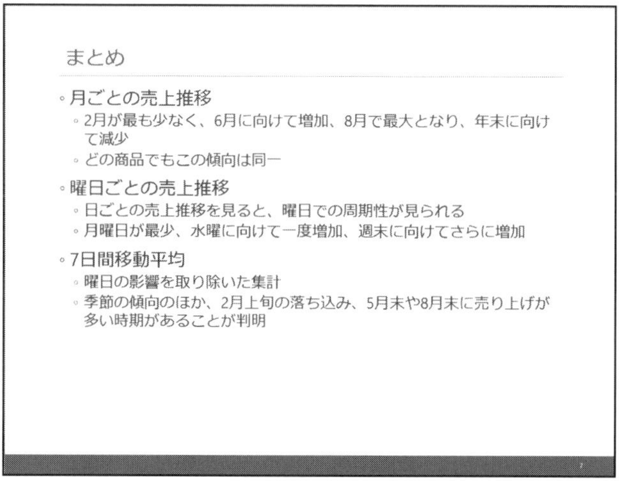

図 3-22　まとめ（スライド 7 枚目）

まとめ　時系列での変化を意識しよう

　この章では、月ごと・日ごと・曜日ごとの売上個数の推移を集計し、折れ線グラフを用いてグラフ化し、考察を行いました。また、曜日での増減の影響を考慮して、7日間の移動平均を用いて1年間の売上推移の集計を行い、グラフ化したうえで考察を行いました。

　POSデータなどの売上データを集計する場合、本章で行ったような、月ごと・日ごと・曜日ごとの推移を見ることがよくあります。また、本章では行いませんでしたが、時間ごとの集計を行うことも、タイムセールなどの施策立案に役立つことがあります。こういった集計の際は、それぞれの月や時間帯などにおける特徴など、時系列での変化を意識してデータを見ることがポイントです。

　また、今回のように曜日による売り上げの特徴があるデータの場合、日ごとのグラフを作成すると図3-4のようにグラフがギザギザしてしまい、曜日以外の特徴を把握しづらくなってしまいます。そのような場合には、1週間ごとに集計するか、この章で行ったような7日間の移動平均を算出してグラフ化するとよいでしょう。

推移のグラフって、どれくらいの期間を見るかでわかることがけっこう変わってくるんですね。

そうだね。1年間の推移をざっくり見ればどの月にどんな傾向があるかを観察できるし、1ヶ月だけ抜き出してみたらもっと細かい周期の傾向を観察できるよ。

なにを調べたいかによって、適切な期間や単位を選ばないとですね。

第 4 章

なにが売り上げに影響したんだろう？

― データ間の関係性を調べよう ―

4-1 　数値データ同士の関係を散布図で分析する
4-2 　数値データ同士の関係の強さを相関係数で表す
4-3 　数値データ以外との関係を集計で分析する
4-4 　報告用の資料を作成する
まとめ 　仮説や分析をもとに必要なデータを検討しよう

この章で使うファイル

- chp4.xlsx
- chp4.pptx

この章で分析するデータ

- 天気＋POSデータ
  （chp4.xlsx 内）

売上推移、季節だけじゃなくて曜日の傾向も出してもらえてわかりやすかったよ。でも、気になった点があってね……。

 どこですか？

 ときどき、季節や曜日の傾向と関係なく、急に売り上げが増えたり減ったりしてる日があるよね。こういう単発的な変化の理由はわかるかな？

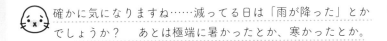 確かに気になりますね……減ってる日は「雨が降った」とかでしょうか？　あとは極端に暑かったとか、寒かったとか。

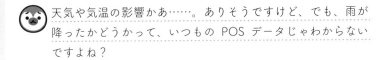 天気や気温の影響かあ……。ありそうですけど、でも、雨が降ったかどうかって、いつものPOSデータじゃわからないですよね？

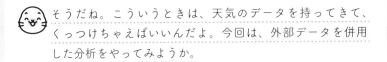 そうだね。こういうときは、天気のデータを持ってきて、くっつけちゃえばいいんだよ。今回は、外部データを併用した分析をやってみようか。

この章の課題

第3章で行った分析で、売り上げの推移の傾向がわかりました。しかし、それらの傾向とは関係なく、いきなり売り上げが増えたり減ったりする日があります。この原因を調べるために、南極スーパーの面々は、「天気や気温が影響しているのかもしれない」と仮説を立てました。

仮説を検証するために、まずは天気や気温のデータが必要です。**気象庁のウェブサイト**から、それらの**データをダウンロード**してください。それから、**その天気や気温のデータを売り上げのデータと結合**して、**仮説が妥当かどうか分析**し、報告用のスライドを作成してください。

4-1 数値データ同士の関係を散布図で分析する

　前章では売上個数の推移を集計し、月や曜日ごとの傾向を確認できました。しかし一部には、月や曜日ごとの傾向では説明できない売り上げの増加や減少が見られました。これらの増減について、南極スーパーの面々は、天気や気温が影響しているのではないかと考えました。

　そこで今回は、気象庁のウェブサイトから天気や気温のデータを取得し、前章で集計した売上個数のデータと結合して関係性を見ていきます。マーケティング・リサーチでは、自社が保有しているデータに外部のデータを結合することで、新たな知見を得ようとする調査がよく行われています。本章では、外部データを利用した集計や考察を学んでいきましょう。

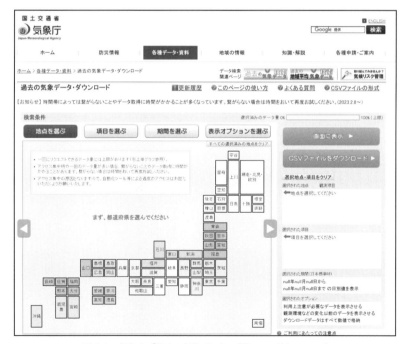

図4-1　気象庁「過去の気象データ・ダウンロード」のページ

手順❶ 関係を調べたい外部データを結合する

まず、天気や気温のデータを取得します。データは気象庁のウェブサイト[*1]からダウンロードできます。トップページの中央上の「各種データ・資料」から「過去の地点気象データ・ダウンロード[*2]」に進みます（図 4-1）。

「地点を選ぶ」「項目を選ぶ」「期間を選ぶ」「表示オプションを選ぶ」から、必要なデータを選択します。今回は、地点は「東京都」から「東京」を選択します。項目は、まず「データの種類」から「日別値」を、「気温」タブから「日平均気温」（以下、平均気温）と「日最高気温」（以下、最高気温）と「日最低気温」（以下、最低気温）を、「降水」のタブから「降水量の日合計」と「1 時間の降水量の日最大」を、「雲量／天気」のタブから「天気概況（昼：06 時～18 時）」を選択します。期間は「2023 年 1 月 2 日～12 月 31 日」を選択します。表示オプションはなにも変更せずに、画面右側にある「CSV ファイルをダウンロード」をクリックしてデータをダウンロードします。ダウンロードしたデータを Excel で開くと、図 4-2 のようになっています。

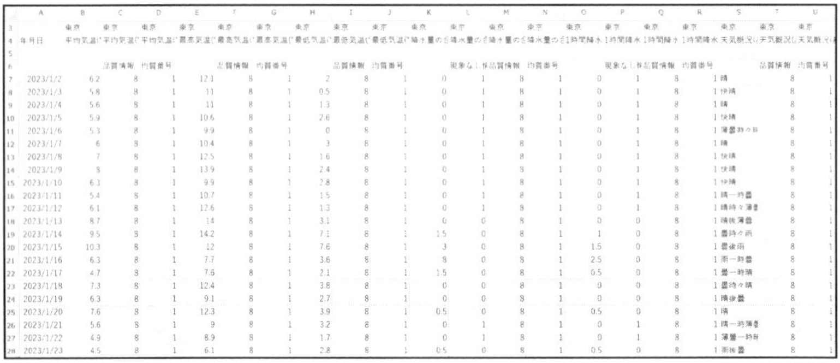

	A	B	C	D	E	F	G	H	I	J	K	L	M	N	O	P	Q	R	S	T	U
3		東京	東京	東京	東京	東京	東京	東京	東京	東京	東京	東京	東京	東京	東京	東京	東京	東京	東京	東京	東京
4	年月日	平均気温(	平均気温(	平均気温(	最高気温(	最高気温(	最高気温(	最低気温(	最低気温(	最低気温(	降水量の合	降水量の合	降水量の合	降水量の合	1時間降水	1時間降水	1時間降水	1時間降水	天気概況(	天気概況(	天気概況(
5																					
6			品質情報	均質番号		品質情報	均質番号		品質情報	均質番号		現象なし情	品質情報	均質番号		現象なし情	品質情報	均質番号		品質情報	均質番号
7	2023/1/2	6.2	8	1	12.1	8	1	2	8	1	0	1	8	1	0	1	8	1	晴	8	1
8	2023/1/3	5.8	8	1	11	8	1	0.5	8	1	0	1	8	1	0	1	8	1	快晴	8	1
9	2023/1/4	5.6	8	1	11	8	1	1.3	8	1	0	1	8	1	0	1	8	1	晴	8	1
10	2023/1/5	5.9	8	1	10.6	8	1	2.6	8	1	0	1	8	1	0	1	8	1	快晴	8	1
11	2023/1/6	5.3	8	1	9.9	8	1	0	8	1	0	1	8	1	0	1	8	1	薄曇時々晴	8	1
12	2023/1/7	6	8	1	10.4	8	1	3	8	1	0	1	8	1	0	1	8	1	晴	8	1
13	2023/1/8	7	8	1	12.5	8	1	1.6	8	1	0	1	8	1	0	1	8	1	快晴	8	1
14	2023/1/9	8	8	1	13.9	8	1	2.4	8	1	0	1	8	1	0	1	8	1	快晴	8	1
15	2023/1/10	6.3	8	1	9.9	8	1	2.8	8	1	0	1	8	1	0	1	8	1	快晴	8	1
16	2023/1/11	5.4	8	1	10.7	8	1	1.5	8	1	0	1	8	1	0	1	8	1	晴一時曇	8	1
17	2023/1/12	6.1	8	1	12.6	8	1	1.3	8	1	0	1	8	1	0	1	8	1	晴時々薄曇	8	1
18	2023/1/13	8.7	8	1	14	8	1	3.1	8	1	0	0	8	1	0	0	8	1	晴後薄曇	8	1
19	2023/1/14	9.5	8	1	14.2	8	1	7.1	8	1	1.5	0	8	1	1	0	8	1	曇時々雨	8	1
20	2023/1/15	10.3	8	1	12	8	1	7.6	8	1	3	0	8	1	1.5	0	8	1	曇後雨	8	1
21	2023/1/16	6.3	8	1	7.7	8	1	3.6	8	1	8	0	8	1	2.5	0	8	1	雨一時曇	8	1
22	2023/1/17	4.7	8	1	7.6	8	1	2.1	8	1	1.5	0	8	1	0.5	0	8	1	曇一時晴	8	1
23	2023/1/18	7.3	8	1	12.4	8	1	3.8	8	1	0	0	8	1	0	0	8	1	曇時々晴	8	1
24	2023/1/19	6.3	8	1	9.1	8	1	2.7	8	1	0	0	8	1	0	0	8	1	晴後曇	8	1
25	2023/1/20	7.6	8	1	12.3	8	1	3.9	8	1	0.5	0	8	1	0.5	0	8	1	晴	8	1
26	2023/1/21	5.6	8	1	9	8	1	3.2	8	1	0	1	8	1	0	1	8	1	晴一時薄曇	8	1
27	2023/1/22	4.9	8	1	8.9	8	1	1.7	8	1	0	1	8	1	0	1	8	1	薄曇一時晴	8	1
28	2023/1/23	4.5	8	1	6.1	8	1	2.8	8	1	0.5	0	8	1	0.5	0	8	1	雨後曇	8	1

図 4-2　気象庁からダウンロードしたデータ

*1 https://www.jma.go.jp/jma/index.html（2024 年 8 月 26 日アクセス）
*2 https://www.data.jma.go.jp/risk/obsdl/index.php（2024 年 8 月 26 日アクセス）

このままだと、品質情報や均質番号など今回の分析には必要のない情報が入っていて扱いづらいので、図4-3のようにデータを整理して、別のファイルとして保存しておきます。

	A	B	C	D	E	F	G
1	年月日	平均気温(℃)	最高気温(℃)	最低気温(℃)	天気概況(昼：06時〜18時)	降水量の合計(mm)	1時間降水量の最大(mm)
2	2023/1/2	6.2	12.1	2	晴	0	0
3	2023/1/3	5.8	11	0.5	快晴	0	0
4	2023/1/4	5.6	11	1.3	晴	0	0
5	2023/1/5	5.9	10.6	2.6	快晴	0	0
6	2023/1/6	5.3	9.9	0	薄曇時々晴	0	0
7	2023/1/7	6	10.4	3	晴	0	0
8	2023/1/8	7	12.5	1.6	快晴	0	0
9	2023/1/9	8	13.9	2.4	快晴	0	0
10	2023/1/10	6.3	9.9	2.8	快晴	0	0
11	2023/1/11	5.4	10.7	1.5	晴一時曇	0	0
12	2023/1/12	6.1	12.6	1.3	晴時々薄曇	0	0
13	2023/1/13	8.7	14	3.1	晴後薄曇	0	0
14	2023/1/14	9.5	14.2	7.1	曇時々雨	1.5	1
15	2023/1/15	10.3	12	7.6	曇後雨	3	1.5
16	2023/1/16	6.3	7.7	3.6	雨一時曇	8	2.5
17	2023/1/17	4.7	7.6	2.1	曇一時晴	1.5	0.5
18	2023/1/18	7.3	12.4	3.8	晴時々曇	0	0
19	2023/1/19	6.3	9.1	2.7	晴後曇	0	0
20	2023/1/20	7.6	12.3	3.9	晴	0.5	0.5

図 4-3　成形したデータ

　取得した外部データを、自社が保有するデータに結合します。今回の場合、「いつものPOSデータ」そのものに結合することもできますが、ここでは前章で集計した4商品の日ごとの売上個数のデータ（表3-2）に結合していきます。Excelの場合、データの結合はXLOOKUP関数[*3]でも行えますが、どちらのデータも1月2日から12月31日までのデータで、日付順になっていて抜けている日付はないので、そのままコピー＆ペーストすればよいでしょう。もし抜けている日付がある場合は、その部分をずらしてコピー＆ペーストするかXLOOKUP関数を使ってください。以後、このデータを「**天気＋POSデータ**」と呼びます。

---

*3 XLOOKUP関数を用いた結合については、**Column 07** を参照してください。

4-1　数値データ同士の関係を散布図で分析する　｜　119

Column 07
XLOOKUP 関数を利用したデータの結合

　XLOOKUP 関数は、指定する範囲内を検索して、条件に合致するものを返す関数です。表から条件に合うものだけ抜き出す際や、別々に作った表同士を結合する際に用いられます。

　今回の例における、XLOOKUP 関数を利用したデータの結合手順を説明します。まず、準備として以下の 3 つを行います。

① 「いつもの POS データ」のファイルに新しいシートを作成し、気象情報のデータをコピー＆ペーストし（シートごとコピーしても OK）、シートの名前を「天気」に変更する

② 売上個数の集計データ A 列の年月日が「1 月 2 日」という表記になっているので、「天気」シートの表記に合わせ「2023/1/2」に変更し、下方向にオートフィルでコピーする

③ 売上個数の集計データの F 列〜K 列に「天気」のデータを結合したいので、それぞれ 1 行目に「平均気温」「最高気温」「最低気温」「天気」「降水量の日合計」「1 時間の降水量の日最大」と入力する

　ここから、実際に XLOOKUP 関数を用いてデータの結合をしていきます。F2 セルを選択した状態で、「数式」タブの「関数ライブラリ」から「検索／行列」をクリックし、XLOOKUP を選択します。すると C7-1 のようなウィンドウが表示されます。なお、開いた時点では、入力欄はまだ空欄です。

　設定ウィンドウには、「検索値」「検索範囲」「戻り範囲」「見つからない場合」「一致モード」という 5 つの入力エリアがあります。「検索値」は検索する値、「検索範囲」は検索値と一致するものを検索する範囲、「戻り範囲」は表示したい内容の範囲、「見つからない

図C7-1　XLOOKUP関数の設定ウィンドウ

場合」は検索範囲内に検索値と一致するものがなかった場合に表示したい値、そして「一致モード」は検索値と完全一致するものだけを返すのか近似値も許容するのか、を指定します。

　今回は、売上個数のデータの日付をもとに、「天気」のシートから同一の日付を探し出し、その日付に対応する天気を出力しようとしています。このとき、「検索値」はもととなる売上個数のデータの日付となります。また、検索値と一致するものがないかどうか検索を行うのは「天気」シートの日付の列なので、「検索範囲」は「天気」シートの日付の範囲すべてです。さらに「戻り範囲」は、検索値と一致した日付に対応する天気を表示させたいので、「天気」シートの天気の範囲すべてを指定します。今回は、「見つからない場合」と「一致モード」は空白のままで構いません。

　実際にやっていきましょう。「検索値」に日付のある「A2セル」、「検索範囲」に「天気のシートのA2セルからA365セル」を指定し、F4キーを1回押して絶対参照にしておきます。シートの指定は、シート名の後ろに「!」をつけることで行えます。続いて「戻り範囲」は「天気のシートのB2セルからB365セル」を指定し、F4キーを1回押して絶対参照にしておきます。「見つからない場

合」や「一致モード」は、今回はなにも指定しません。

　これでOKを押すと、F2のセルに「6.2」と表示されるので、あとはF365セルまでオートフィルで埋めます。同じ要領でG2セルからI2セルも「検索値」を「A2セル」、「検索範囲」を「天気のシートのA2セルからA365セル」、「戻り範囲」をそれぞれC列からE列の2行目から365行目に指定して絶対参照にしておきます。OKを押したあとに、それぞれ下方向にオートフィルで埋めます。なお、F2セルに入力するときに検索値のA2を「$A2」、戻り範囲の「$B$2:$B$365」を「B2:B$365」としておくと、G2セル〜K2セルにコピーできます。

手順❷ 結合した気温データを折れ線グラフで可視化する

　データが結合できたら、試しに気温の折れ線グラフを作成して、気温の変化の様子を把握するとともに、データにおかしいところがないか確認してみましょう。

　日付の列と気温（平均気温・最高気温・最低気温）の列が離れているので、日付のデータを選択したのち、「Ctrl」キーを押しながら気温のデータを選択します。折れ線グラフを選んで、できあがったグラフが図4-4[*4]です。

　日々の気温の変化はありつつも、夏に向かって気温が高くなり、冬に向かって気温が低くなっていくことが確認できます。グラフを見るかぎり、気温データにおかしなところはなさそうです。それでは、気温と売上個数との関係を調べるために、2軸の折れ線グラフを作成しましょう。気温は3種類ありますが、代表して平均気温を用います。また、売上個数は緑茶（自社）の売上個数を用います。

---

*4 図4-4は、縦軸の最大値や最小値、横軸との交点、横軸の日付の表記や間隔などを調整しています。

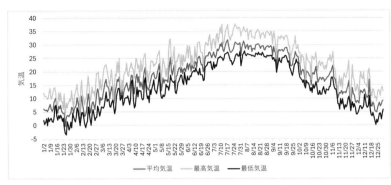

図 4-4　平均気温・最高気温・最低気温の折れ線グラフ

2軸の折れ線グラフを作成する

手順①　グラフにしたい表の、ラベルを含むすべてを選択する（離れている列は「Ctrl」キーを押しながら選択。今回は「日付」「緑茶（自社）」「平均気温」の3列）

手順②　「挿入」タブから折れ線グラフを作成

手順③　作成されたグラフを選択して、「グラフのデザイン」タブから「グラフの種類の変更」を選択（図 4-5）

手順④　「グラフの種類の変更」ウィンドウ左側のメニューから「組み合わせ」を選択

手順⑤　「緑茶（自社）」のグラフの種類を折れ線に変更

手順⑥　「平均気温」のグラフの種類も折れ線であることを確認し、第2軸にチェックを入れる

できあがったグラフが、図 4-6 です。

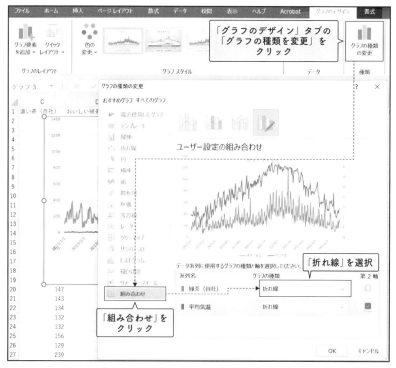

図 4-5 「グラフの種類の変更」から 2 軸の折れ線グラフを作成する

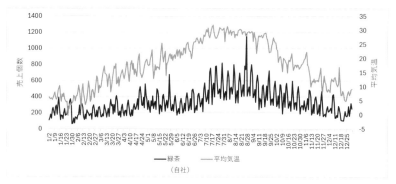

図 4-6 緑茶（自社）の売上個数と平均気温の推移

これまでの集計で、緑茶の売上個数は「夏に増え、冬に減る」ことが
わかっています。図4-6を見ると、気温と売上個数は「夏に増え、冬に
減る」という傾向自体は共通しているように見えますが、推移のしかた
は異なっています。たとえば、6月は5月より平均的に気温が高そうで
すが、売上個数は少なくなっています。また、5月27日と8月27日は
売上個数が多く、2月上旬は売上個数が少なくなっていますが、それら
の日に気温がいちじるしく高くなっていたり低くなっていたりすること
はなさそうです。どうやら、必ずしも気温と売上個数が連動しているわ
けではなさそうです。

手順❸ 売上個数と気温の関係を散布図で表す

　図4-6では、2軸の折れ線グラフで1年間の売上個数と気温の推移を
見比べましたが、あまりよい考察は得られませんでした。そこで、散布
図を作ってみましょう。

　一般的に、数値で表される2つのデータ間の関係を見るときは散布図
を用います。**散布図**とは、横軸を原因となりうるデータ、縦軸を結果と
なりうるデータとして、値の散らばりを示すグラフのことです[*5]。今回
は売上個数と気温の散布図を作成します。この場合、「気温が原因と
なって売上個数が変わる」と考えるのが自然なので、横軸は気温、縦軸
は売上個数とします。

[*5] 1-3節の手順❶を参照してください。

4-1　数値データ同士の関係を散布図で分析する　｜　125

散布図を作成する

手順① グラフにしたい表の、ラベルを含むすべてを選択する（離れている列は「Ctrl」キーを押しながら選択。今回は「緑茶（自社）」「平均気温」の2列）

手順② 「挿入」タブの「グラフ」のなかから散布図のアイコンをクリック（図4-7）

手順③ 「散布図」のなかから「散布図」をクリック

手順④ 横軸を気温、縦軸を売上個数に変更するため、「グラフのデザイン」タブの「データの選択」をクリック

手順⑤ 「データソースの選択」ウィンドウ（図4-8）の左側の「編集」をクリック

手順⑥ 「系列名（N）」を削除し、「系列X」の値と「系列Y」の値を入れ替えて「OK」をクリック（図4-9、図4-10）

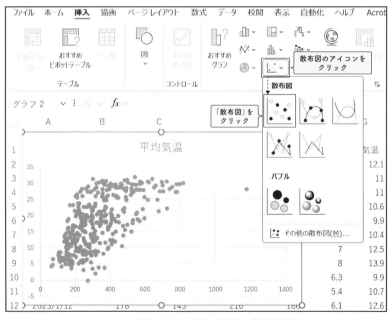

図4-7　平均気温と売上個数の散布図（作成途中）

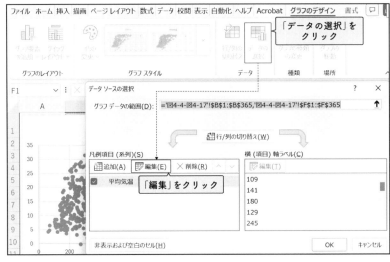

図 4-8 「データソースの選択」ウィンドウ

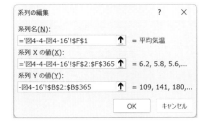

図 4-9 系列の編集（変更前）　　　図 4-10 系列の編集（変更後）

　縦軸や横軸のラベル、軸の交点、縦横比などを編集すると、図 4-11 のようなグラフが作成されました。

　縦軸は売上個数、横軸は気温を表しており、プロットされている点は「その気温のときに何個売れたのか」を表しています。全体的に、点は右上がりに散らばっているようです。つまり、図の右側にいく（気温が高くなる）につれて、図の上側へいく（売上個数が上がる）傾向がある[*6]、ということです。同様に、最高気温や最低気温との散布図も作成します（図 4-12、図 4-13）。

---

*6 散布図の見かたは、次の 4.2 節でくわしく説明します。

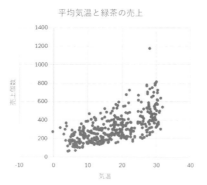

図 4-11　平均気温と緑茶（自社）の売上個数の散布図

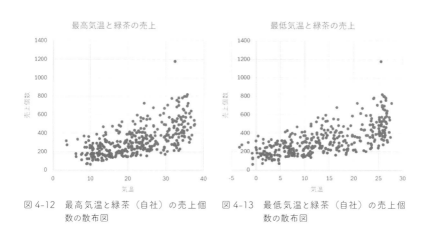

図 4-12　最高気温と緑茶（自社）の売上個数の散布図

図 4-13　最低気温と緑茶（自社）の売上個数の散布図

　最高気温と最低気温も、似たような傾向を示していました。これらの散布図から、「気温が高くなると売上個数が増える」ことがわかりました。
　ただし、平均気温がおよそ 28 度（最高気温だとおよそ 32 度、最低気温だとおよそ 26 度）のところで、売上個数が約 1,200 個のデータだけが飛び出ています。こういう値を、一般的に**外れ値**と呼びます。外れ値がある場合には、「そのデータがどんなデータなのか」「入力ミスではないのか」などを確認してください。今回の場合、もとのデータに戻って約 1,200 個のデータを探してみると、8 月 27 日に 1,179 個売れていることがわかりました。

8月27日は、お茶がよく売れるなんらかの要因があったのでしょうか？　ほかの商品でも同様の動きが見られるかどうか、散布図で確認してみましょう。以後は、平均気温のみで作成していきます。

　図4-14は自社商品の濃い茶と平均気温、図4-15と4-16はそれぞれ競合A社のおいしい緑茶とおいしい濃茶と平均気温の散布図です。

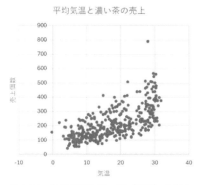

図4-14　平均気温と濃い茶（自社）の売上個数の散布図

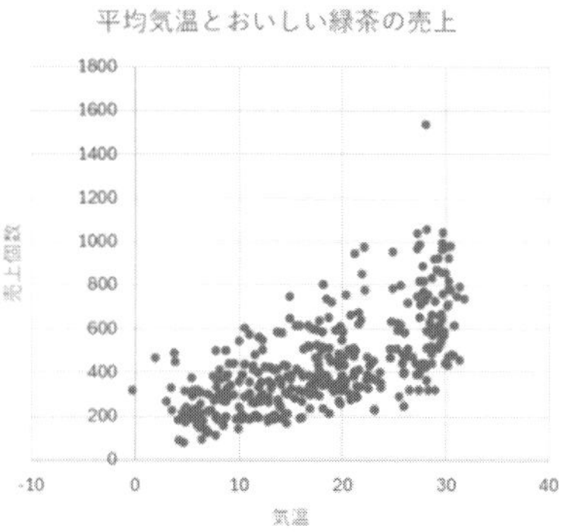

図4-15　平均気温とおいしい緑茶（A社）の売上個数の散布図

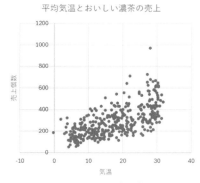

図4-16　平均気温とおいしい濃茶（A社）の売上個数の散布図

　どの商品にも、気温が高くなると売上個数が増えるという関係性がありました。また、図4-11と同様に8月27日は外れ値となっており、自社商品の緑茶だけではないことが確認できました。

4-2 数値データ同士の関係の強さを相関係数で表す

前節では、売上個数と気温の関係性を散布図によって表現しました。外れ値はありましたが、おおむね気温が高くなると売上個数が増えるということがわかりました。前章でも確認したように、今回のデータでは「お茶系飲料は夏に売れる商品である」と考えられそうです。もちろん世の中にはさまざまな商品が売られているので、商品によっては気温が低いときに売れるものもあるでしょうし、気温に関係なく1年中まんべんなく売れる商品もありそうです。また、気温が高くなると売り上げが増える商品でも、その関係性の強さ・弱さは違うと考えられます。

関係性の強さ・弱さを考えるときに便利な値が、相関係数です。この節では、相関係数について説明していきます。

手順❶ 関係性の強弱を数値で表す「相関係数」を知る

前節の散布図で示した「気温と売上個数」のような2つのデータにおいて、その関係性の向き（片方が増えるともう片方が増えるのか、それとも減るのか）や強さを表すときに用いられる値が、**相関係数**[7] です。

相関係数は、−1から1のあいだの値をとる指標です。正の値をとる場合は「一方の値が増えるともう一方の値が増える傾向」があり、散布図は右上がりになります。逆に負の値をとる場合は「一方の値が増えるともう一方の値が減る傾向」があり、散布図は右下がりになります。また、0に近い値の場合は、2つのデータのあいだに直線的な関係がないことを示し、散布図は一般的には一定の傾向を示さずバラバラになります。

文章だけだとわかりづらいので、いったん「天気＋POSデータ」から離れて、別のサンプルデータを使って相関係数と散布図の関係を見て

---

*7 一般に、Excelを含む分析ツールには相関係数を求める機能が搭載されており、算出方法を知らなくても相関係数を求められます。そのため、本書では算出方法は省きますが、理論に関心がある方は巻末で紹介している統計学のテキストを参照してください。

みましょう。「図 4-17-図 4-20」シートには、変数 A～変数 E の 5 つの値が示されています。これらのなかから 2 種類の変数を組み合わせて散布図を作り、相関関係を調べていきましょう。

図 4-17 はデータの A 列（変数 A）と B 列（変数 B）の散布図、図 4-18 は A 列と C 列（変数 C）の散布図で、それぞれ相関係数が正の値と負の値をとる例です。

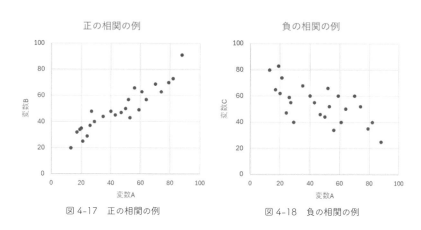

図 4-17　正の相関の例　　　図 4-18　負の相関の例

図 4-17 は右上がりになっており、「変数 A の値が上がると変数 B の値も上がる」という正の相関があることがわかります。また、図 4-18 は右下がりになっており、「変数 A の値が上がると変数 C の値が下がる」という負の相関があることがわかります。

では、この 2 つの相関係数はどうなっているか確認してみましょう。Excel では、CORREL 関数や PEASON 関数で相関係数を求めることができます。

CORREL 関数　　CORREL（配列 1, 配列 2）
PEASON 関数　　PEARSON（配列 1, 配列 2）

いずれの関数も、「配列1」は関係を調べたい2つのデータのうちの片方を、「配列2」はもう片方を指定します。今回は、CORREL関数で相関係数を求めてみましょう。「図4-17-図4-20」シート上の任意のセルに、「＝CORREL(A2:A26,B2:B26)」と入力してEnterを押します。同様の手順で変数Aと変数Cの相関係数も求めると、表4-1の値が算出されました。

表4-1　図4-17と図4-18の相関係数

図	データ	相関係数（小数第3位まで）
図4-17	変数Aと変数B	0.933
図4-18	変数Aと変数C	－0.674

　右上がりの傾向のある図4-17は相関係数の値が正に、右下がりの傾向のある図4-18は相関係数の値が負になりました。
　続いて、相関係数が0に近い場合の例を見ていきましょう。図4-19は、変数Aと変数Dの散布図で、変数間の関係がバラバラな例です。プロットされた点には一定の傾向が見られず、変数Aと変数Dの関係はないことが読み取れます。

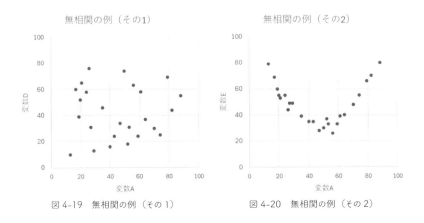

図4-19　無相関の例（その1）　　　図4-20　無相関の例（その2）

図 4-20 も相関係数が 0 に近い例です。変数 A と変数 E のあいだに U の字（2 次関数）のような関係性が見られますが、直線的な関係性は見られません。

　さきほどと同様の手順で、図 4-19 と図 4-20 の相関係数を求めてみると、表 4-2 のようになりました。いずれも相関係数の値はほぼ 0 になっています。

表 4-2　図 4-19 と図 4-20 の相関係数

図	データ	相関係数 （小数第 3 位まで）
図 4-19	変数 A と変数 D	0.036
図 4-20	変数 A と変数 E	−0.022

　相関係数の正負と散布図の関係は、おおむね理解できたかと思います。最後に、**相関の強さ**について確認しておきましょう。

　相関係数は、1 に近づくほど、一方が増えるともう一方が増える傾向（**正の相関**）が顕著になります。同様に、−1 に近づくほど、一方が増えるともう一方が減る傾向（**負の相関**）が顕著になります。これらのことを、一般的に相関が強いと表現します。つまり、1 に近いと「強い正の相関がある」や「正の相関が強い」と表現します。逆に −1 に近いと「強い負の相関がある」や「負の相関が強い」と表現します。

　反対に、相関係数の絶対値が 0 に近いとはいえないものの、値が大きくない場合は、「弱い正の相関がある」「弱い負の相関がある」と表現することがあります。強い・弱いの明確な基準はありませんし、分野によってもさまざまな考えかたがありますが、おおむね表 4-3 のような目安をもっておくとよいでしょう。

　図 4-17 は相関係数が 0.933 なので「強い正の相関」が、図 4-18 は相関係数が −0.674 なので「弱い負の相関」があることになります。これを踏まえて図 4-17 と図 4-18 を見返すと、相関が強いほどプロットされた点の右上がり・右下がりの傾向が強くなり、相関が弱いほど右上がり・右下がりの傾向が弱くなることがわかります。

4-2　数値データ同士の関係の強さを相関係数で表す　│　133

表 4-3　相関係数と相関の強さの表現

相関係数	表現
0.7 ～ 1.0	強い正の相関
0.3 ～ 0.7	弱い正の相関
−0.3 ～ 0.3	ほぼ無相関
−0.7 ～−0.3	弱い負の相関
−1.0 ～−0.7	強い負の相関

手順❷ 各商品と気温の相関係数を算出する

　さて、もとの「天気＋POSデータ」に戻って、平均気温と各商品の売上個数の相関係数を求めてみましょう。平均気温と4つの商品の相関係数を求めると、表4-4のようになりました。

表 4-4　平均気温と4商品の売上個数の相関係数

図	データ	相関係数	相関の強さ
図4-11	緑茶（自社）	0.645	弱い正の相関
図4-14	濃茶（自社）	0.658	弱い正の相関
図4-15	おいしい緑茶（A社）	0.654	弱い正の相関
図4-16	おいしい濃い茶（A社）	0.643	弱い正の相関

　いずれも相関係数は0.65前後となり、どれも弱い相関で値に大きな差がないことがわかりました。「平均気温と売上個数には弱い正の相関がある」という関係は、特定の商品のみの傾向ではないようです。

4-3 | 数値データ以外との関係を集計で分析する

　本節では、天気と売上個数の関係を見ていきます。天気がよければ買いものに行きやすいかもしれませんが、天気が悪ければ買いものを避ける人もいるでしょう。もし天気と売上個数のあいだに関係性が見られるのであれば、スーパーは天気予報によって発注量を調整できるでしょう。

　ここで問題になるのが、「天気は数値データではない」ということです。4-1節と4-2節で調べた「気温と売上個数の関係」は、数値データと数値データの比較だったため、散布図を作ることも相関係数を算出することも容易でした。しかし、天気は文字で表されるデータですから、そのままでは数値データと同様には扱えません。本節では、片方が「天気」といった数値ではなく文字で表されるデータである場合の関係性の分析について見ていきます。

手順❶ 仮説に対して必要なデータを整理する

　まず、「天気+POSデータ」の「天気概況」を利用して、売上個数の集計をしてみましょう。ピボットテーブルを作成して、「行」に「天気概況」、「値」に「緑茶（自社）」を入れます。その際、「天気概況」の各天気の出現回数は違うので、「値」の集計方法は合計値ではなく平均値にします（図4-21）。

　できあがったピボットテーブルの表を見ると、なんと「雨」で始まる天気だけで10種類もあります。「晴」や「曇」も同様に多数の種類があり、すべて確認すると、この1年で実に66種類もの天気があることがわかります。これでは集計や考察が大変です。

　気象庁が公開しているデータにおける「天気概況」は細かく分類されており、「快晴」「晴」「曇」「雨」といった一般に馴染み深い天気や、「晴時々曇」「晴後曇」といった単純な状況や推移を表した天気以外にも、「曇時々晴一時雨、雷・ひょうを伴う」といったおそらく1年に

4-3　数値データ以外との関係を集計で分析する　|　135

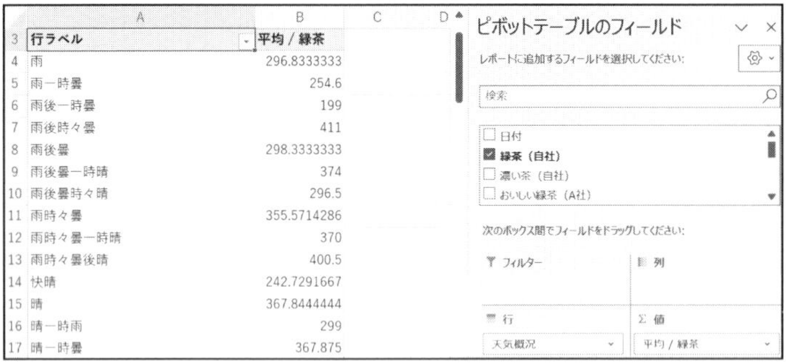

図 4-21 「行」に「天気概況」、「値」に「緑茶」を入れ集計方法を「平均」にした状態

1回ないし数回しかないケースの天気も示されています。さきほど述べたとおり、天気が 66 種類もあると集計や考察が大変なので、ある程度まとめる必要があります。「晴」「雨」のような単純な天気に置き換えられれば、より簡単に集計できるでしょう。

　ただし、「天気概況」には、さきほど挙げた「曇時々晴一時雨、雷・ひょうを伴う」のように、「晴」「曇」「雨」のどれに相当するか簡単には判断できない天気も含まれています。さまざまな天気をどういった基準で置き換えるかは検討する必要がありそうです。

　今回、天気と売上個数の関係性を調べようとしているのは、「雨が降ると買いものに行くことを避ける人がいそうだ」という仮説を立てたからでした。この仮説を検証することを考えると、「晴」と「曇」の違いはそこまで重要ではなく、「雨」が降っているか否かについて調べることが重要です。さらに、傘を差さずに済む小雨程度なら気にしない人もいるでしょうから、「雨の強さ」もある程度重要になるでしょう。

　そのため、ここでは「天気概況」ではなく、「1 時間の降水量の最大」を使って天気と売上個数の関係性を調べることにします。「1 時間の降水量の最大」の値が 0 であれば、その日は雨が降っていなかったことになるので、「晴」もしくは「曇」であったと判断できます。「雨によって買いものに行くか行かないかが変わるか」を調べるためには「晴」と

136

「曇」は分ける必要がないので、この値が0の場合は「晴・曇」に分類することにします。

　一方、降水に関しては「雨の強さ」による違いも見ておきたいため、「小雨」「雨」「やや強い雨」「強い雨」の4つに分類することにします。参考として、気象庁が定めている雨の強さの表現と降水量の関係[*8]を確認しておきましょう（表4-5）。

表4-5　1時間の降水量と雨の強さの表現

1時間の降水量	強さの表現
数時間続いても1mmに達しない程度の雨	小雨
3mm未満	弱い雨
10mm以上20mm未満	やや強い雨
20mm以上30mm未満	強い雨
30mm以上50mm未満	激しい雨
50mm以上80mm未満	非常に激しい雨
80mm以上	猛烈な雨

今回は表4-5の基準に参考にして、以下のように分類します。

・1時間の降水量の最大が0mm：晴・曇
・1時間の降水量の最大が1mm未満の日：小雨
・1時間の降水量の最大が1mm以上10mm未満：雨
・1時間の降水量の最大が10mm以上20mm未満：やや強い雨
・それ以上：強い雨

　実際に分類してみましょう。「天気＋POSデータ」の空いている列に「天気（変換後）」という列を作り、その列に「晴・曇」「小雨」「雨」「やや強い雨」「強い雨」のいずれかが入るようにします。Excelである条件をもとに分類を行うときは、IF関数を使います。

---

*8 出典：気象庁「雨の強さに関する用語」
https://www.jma.go.jp/jma/kishou/know/yougo_hp/kousui.html（2024年9月9日アクセス）

4-3　数値データ以外との関係を集計で分析する　｜　137

IF 関数（条件をもとに分類を行う）

＝IF（論理式,値が真の場合,値が偽の場合）

　IF 関数の「論理式」では、「もし○○であれば」という条件を指定します。その次に記入する「値が真の場合」には、条件を満たしている場合に表示させたい値や文字列を指定します。「値が偽の場合」には、条件を満たしていない場合に表示させたい値や文字列を指定します。たとえば 60 点で合格のテストの点数が A 列に記入されているとき、合格と不合格で分類するには、「=IF(A2>=60,"合格","不合格")」と指定します。

　ただし、IF 関数は「論理式」が 1 つしかないため、このままでは「条件に合致する／合致しない」の 2 種類にしか分類できません。より細かな分類をしたいときは、IF 関数を入れ子にして使う[9]とよいでしょう。ここでは、K 列の「1 時間の降水量の最大」の横に天気の分類が入るよう、図 4-22 のように IF 関数を記入しました。

	L2		f_x	=IF(K2=0,"晴・曇",IF(K2<1,"小雨",IF(K2<10,"雨",IF(K2<20,"やや強い雨","強い雨"))))						
	B	C	D	E	F	G	H	I	J	K	L
	緑茶	濃い茶	おいしい緑茶	おいしい濃茶					降水量	1時間降水	天気
1	（自社）	（自社）	（A社）	（A社）	平均気温	最高気温	最低気温	天気概況	合計	量の最大	（変換後）
2	109	62	148	89	6.2	12.1	2	晴	0	0	晴・曇
3	141	86	234	127	5.8	11	0.5	快晴	0	0	晴・曇
4	180	125	233	152	5.6	11	1.3	晴	0	0	晴・曇
5	129	95	162	103	5.9	10.6	2.6	晴	0	0	晴・曇
6	245	190	314	227	5.3	9.9	0	薄曇時々晴	0	0	晴・曇
7	264	154	309	246	6	10.4	3	晴	0	0	晴・曇
8	207	149	301	219	7	12.5	1.6	快晴	0	0	晴・曇

図 4-22　IF 関数を用いた天気の変換

図 4-22 の L2 セルに入力されている数式は、以下のとおりです。

=IF(K2=0,"晴・曇",IF(K2<1,"小雨",IF(K2<10,"雨",
　IF(K2<20,"やや強い雨","強い雨")))))

---

*9 IFS 関数という関数も使えますが、本書では省きます。

この式は、図4-23のような構造になっています。灰色の枠が論理式で、黒もしくは白の枠が論理式が真または偽だった場合に表示される文字列です。

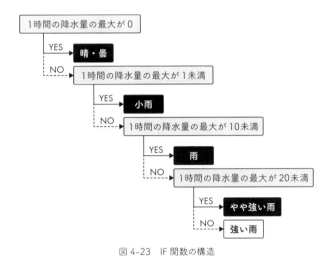

図4-23　IF関数の構造

　これで、「雨が降っているかどうか」や「雨の強さ」によって売上個数が変わるのでは、という仮説を検証するために必要なデータ、「**天気＋POSデータ（天気変換後）**」ができあがりました。

手順❷ 天気に対する売上個数の平均値を集計し解釈する

　さきほど作った「天気＋POSデータ（天気変換後）」を利用して、売上個数を見ていきましょう。このデータを含む範囲であらためてピボットテーブルを作成し、「行」に「天気（変換後）」、「値」に「緑茶（自社）」を入れ、集計方法を合計値ではなく平均値にしたものが図4-24、その結果を「値の貼り付け」をして整理したものが表4-6です。

図 4-24 行に「天気（変換後）」、値に「緑茶（自社）」を入れ、集計方法を平均にした状態

表 4-6 天気（変換後）における緑茶（自社）の平均売上個数

天気	売上個数の平均
晴・曇	321.8
小雨	259.1
雨	355.8
やや強い雨	410.8
強い雨	499.5

　グラフにするまでもなく、「晴・曇」の値より「小雨」の値のほうが少ないことがわかりますが、「雨」「やや強い雨」「強い雨」の値のほうが「晴・曇」より大きくなっていて、やや不思議な印象があります。

　ここで、それぞれの天気の日数を調べてみましょう。各天気の日数は、さきほどのピボットテーブルで集計の方法を、値が入っているセルの数をカウントする「数値の個数」に変更すれば調べられます。その結果、「晴・曇」が 264 日、「小雨」が 14 日、「雨」が 74 日、「やや強い雨」と「強い雨」が 6 日ずつであることがわかりました。第 3 章の分析結果から、曜日や季節によっても売り上げが違うことがわかっているので、ひとまず曜日データを追加してさらに集計していきます。

　今回のデータは、2023 年 1 月 2 日から 12 月 31 日まで毎日データが存在しており、抜けはありません。そのため、2023 年 1 月 2 日の曜日

さえわかれば、あとは規則的に繰り返していくだけで各日の曜日を記入できます。Excelの場合、曜日はオートフィルで埋められるので、1月2日の曜日である「月」を入力したら下方向にドラッグ＆ドロップしましょう。

曜日を追加した「**天気＋POSデータ（曜日追加後）**」をもとにあらためてピボットテーブルを作成し、それぞれの天気の日数を調べてみると、表4-7のようになりました。

表4-7　曜日ごとの天気の日数

天気	日	月	火	水	木	金	土
晴・曇	36	36	38	39	42	34	39
小雨	1	4	2	2	2	3	0
雨	12	11	9	10	8	12	12
やや強い雨	2	1	3	0	0	0	0
強い雨	1	0	0	1	0	3	1

第3章の分析より、金・土・日は売り上げが多いことがわかっています。同条件で比較するために、すべての天気が出現している日曜日だけに絞って売上個数の平均を求めてみましょう。その結果が表4-8です。

表4-8　日曜日における天気と緑茶（自社）の平均売上個数

天気	売上個数の平均
晴・曇	342.4
小雨	390.0
雨	448.4
やや強い雨	420.5
強い雨	685.0

当初の仮説に反して、「晴・曇」よりも「雨」のほうが売上個数が多い結果となりました。この集計結果から「雨の日のほうが売上個数が多い」といえるかどうかは、厳密には平均値の差の検定を行わなければわかりません。しかし少なくとも2023年においては、雨だからといって

4-3　数値データ以外との関係を集計で分析する　|　141

売上個数が減ることはなく、むしろ増えていることがわかりました。これは、冬に「晴」が多く春から秋にかけて「雨」が多いこと、かつ夏のほうが売り上げが多いことなどが原因として考えられます。

この考察を掘り下げるために、月ごとに天気の日数を調べると、表4-9となりました。「やや強い雨」と「強い雨」は、夏～秋に集中していることがわかります。

表 4-9　月ごとの天気の日数

	1月	2月	3月	4月	5月	6月	7月	8月	9月	10月	11月	12月
晴・曇	23	25	20	22	19	14	27	19	19	25	25	26
小雨	4	0	2	0	0	1	0	0	2	0	2	3
雨	3	3	9	8	11	13	4	7	7	4	3	2
やや強い雨	0	0	0	0	1	0	0	4	0	1	0	0
強い雨	0	0	0	0	0	2	0	1	2	1	0	0

これらを踏まえて、各天気と各月における緑茶（自社）の売上個数の平均をまとめたものが表4-10、それをグラフにしたものが図4-25です。この表は月による推移を表すものですが、月によっては特定の天気が出現しない場合があり、折れ線グラフにすると折れ線が途切れて見づらくなるため、棒グラフで表現しています。

表 4-10　月および天気ごとの緑茶（自社）の平均売上個数

	1月	2月	3月	4月	5月	6月	7月	8月	9月	10月	11月	12月
晴・曇	211.9	180.8	226.1	285.1	327.2	316.0	514.3	522.3	438.5	379.4	273.0	218.7
小雨	181.3	0.0	148.5	0.0	0.0	483.0	0.0	0.0	412.5	0.0	306	228.3
やや強い雨	0.0	0.0	0.0	0.0	407.0	0.0	0.0	406.0	0.0	434.0	0.0	0.0
雨	244.3	243.7	280.4	327.6	316.6	270.2	334.0	661.7	552.7	335.3	385.3	195.5
強い雨	0.0	0.0	0.0	0.0	0.0	390.0	0.0	685.0	601.5	329.0	0.0	0.0

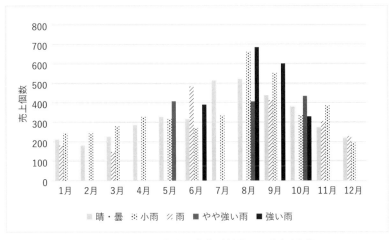

図 4-25　月および天気ごとの緑茶（自社）の平均売上個数

　これを見ると、どの月においても、雨模様の天気で売上個数が減っているようすはありません。とくに8月や9月は、雨の日の売上個数が多い結果となっています。雨の日は日数的に多いわけではないため「たまたま」かもしれませんし、もしかしたら雨の日にタイムセールを実施しているようなケースも考えられるかもしれません。

　本節のように、分析によって当初の仮説が否定される結果が得られることは珍しくありません。実際の分析においては、この結果が「たまたま」なのかどうか検定を行ったり、ほかに関連する要素（たとえば「店舗独自の施策がないか」「雨の影響を受けない立地や設備の店舗ではないか」など）がないか追加調査をしたりする必要があるでしょう。
　データ分析では、「仮説を立て、その仮説の検証に必要なデータを用意・整理し、分析を行い、結果を解釈し、さらに仮説を立てる」ことを繰り返していきます。仮説やデータが妥当なものかどうか、常に考えながら分析を行っていきましょう。

Column 08
連関係数

　相関係数と似た指標に、**連関係数**があります。相関係数は 2 つの量的変数の関係性を表す値であるのに対し、連関係数はクロス集計表で表される 2 つの質的変数の関係性を表す値です。連関係数は、クロス集計の形状などにより、**クラメールの連関係数**などいくつかの算出方法があります。

　クラメールの連関係数は、以下の計算で求められます。

$$r = \sqrt{\frac{\chi^2}{n(k-1)}}$$

　ここで χ^2 は**カイ 2 乗値**と呼ばれる値で、クロス集計の検定の際に途中で算出される値（第 2 章では Excel の関数を利用したため算出していない）です。これは、各データに対して観測度数—期待度数の 2 乗を期待度数で割った値をすべて足し合わせた値、すなわち

$$\chi^2 = \sum \frac{(観測度数 - 期待度数)^2}{期待度数}$$

です。また、n はサンプルサイズ、k は行数もしくは列数の少ないほうの値を表します。くわしくは巻末で紹介している統計学のテキストを参照してください。

4-4 報告用の資料を作成する

　最後に、報告用の資料を作成します。本章では、気象庁のウェブサイトから天気・気温のデータを取得し、それを日ごとに集計された各緑茶飲料の売上データに結合したうえで、以下の集計を行い、グラフを作成しました。

・平均気温・最高気温・最低気温の折れ線グラフ（図4-4）
・緑茶（自社）の売上個数と平均気温の推移（図4-6）
・気温と4商品の売上個数の散布図（図4-11〜図4-16）
・平均気温と4商品の売上個数の相関係数（表4-4）
・天気（変換後）における緑茶（自社）の平均売上個数（表4-6）
・日曜日における天気と緑茶（自社）の平均売上個数（表4-8）
・月および天気ごとの緑茶（自社）の平均売上個数（表4-10・図4-25）

　今回は、季節や曜日の傾向とは異なる突発的な売り上げの増減について、天気や気温との関係を調べたので、その観点で資料を作成します（図4-26）。

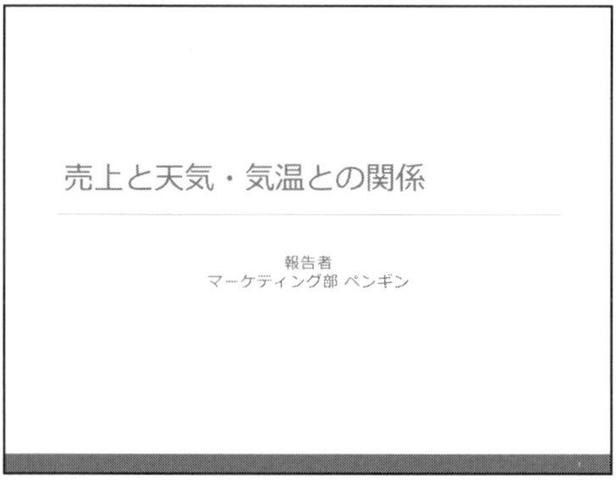

図4-26　表紙（スライド1枚目）

4-4　報告用の資料を作成する　145

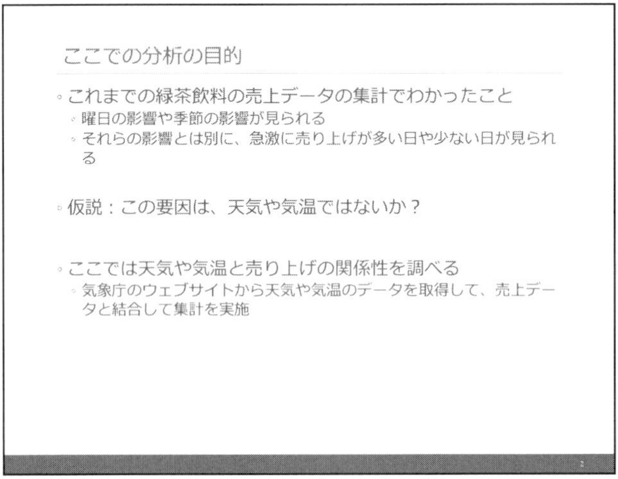

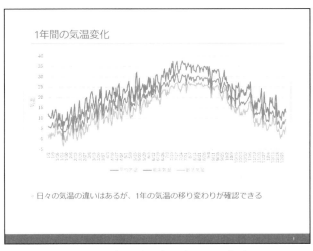

図 4-27　分析の目的（スライド 2 枚目）

図 4-28　1 年間の気温変化（スライド 3 枚目）

　図 4-27 では、分析の目的を箇条書きで整理しました。
　続く図 4-28 では、1 年間の気温の変化を最高気温、平均気温、最低気温の折れ線グラフで示しました。日々の気温の変化とともに、1 年の気温の変化が確認できました。

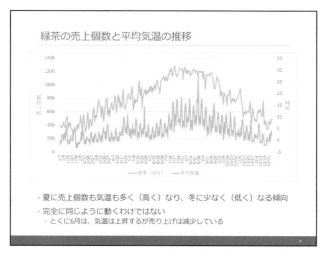

図 4-29　緑茶の売上個数と平均気温の推移（スライド 4 枚目）

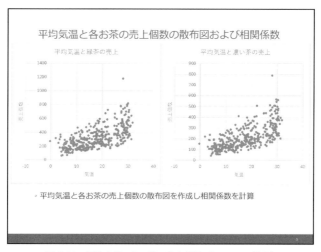

図 4-30　平均気温と各お茶の売上個数（スライド 5 枚目）

　図 4-29 では、緑茶の売上と平均気温を 2 軸の折れ線グラフで示しました。気温が高くなると売上個数が増え、気温が低くなると売上個数が減ることがわかりますが、曜日による変動を除いても必ずしも同じような動きをするわけではないこともわかりました。

4-4　報告用の資料を作成する　｜　147

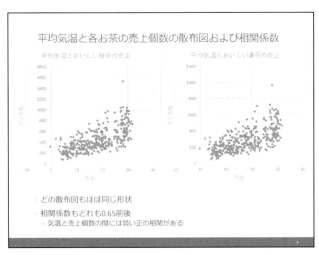

図 4-31　平均気温と各お茶の売上個数（スライド 6 枚目）

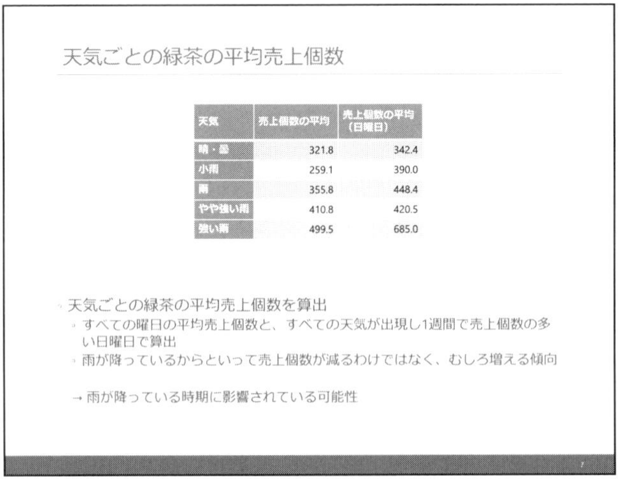

図 4-32　天気ごとの緑茶の平均売上個数（スライド 7 枚目）

　図 4-30 と図 4-31 では、平均気温と自社・競合 A 社の飲料の散布図と相関係数を示しました。気温と売上個数の間に正の相関が見られる結果となりましたが、どれも相関係数は 0.65 程度と、弱い正の相関と

月ごとの天気の日数

	1月	2月	3月	4月	5月	6月	7月	8月	9月	10月	11月	12月
晴・曇	23	25	20	22	19	14	27	19	19	25	25	26
小雨	4	0	2	0	0	1	0	0	2	0	2	3
雨	3	3	9	8	11	13	4	7	7	4	3	2
やや強い雨	0	0	0	0	1	0	0	4	0	1	0	0
強い雨	0	0	0	0	0	2	0	1	2	1	0	0

- 月ごとの天気の日数を求めると、雨（やや強い雨・強い雨）は冬に少なく、春〜秋（とくに5月・6月）に多い
- 夏の時期は緑茶の売上個数が多いので、前スライドのような結果になった可能性が高い

8

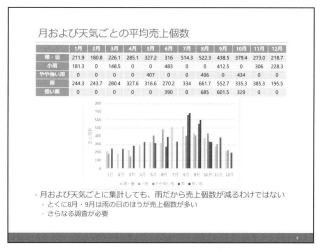

図 4-33　月ごとの天気の日数（スライド 8 枚目）

月および天気ごとの平均売上個数

	1月	2月	3月	4月	5月	6月	7月	8月	9月	10月	11月	12月
晴・曇	211.9	180.8	226.1	285.1	327.2	316	514.3	522.3	438.5	379.4	273.0	218.7
小雨	181.3	0	148.5	0	0	483	0	0	412.5	0	306	228.3
やや強い雨	0	0	0	0	407	0	0	406	0	434	0	0
雨	244.3	243.7	280.4	327.6	316.6	270.2	334	661.7	552.7	335.3	385.3	195.5
強い雨	0	0	0	0	0	390	0	685	601.5	329	0	0

- 月および天気ごとに集計しても、雨だから売上個数が減るわけではない
  - とくに8月・9月は雨の日のほうが売上個数が多い
  - さらなる調査が必要

9

図 4-34　月および天気ごとの平均売上個数（スライド 9 枚目）

いう結果になりました。

図 4-32 では、天気と緑茶の売上個数について、すべての曜日と日曜日での平均値の集計を行いました。晴・曇の日のほうが売上個数が多い

ということはなく、むしろ降水がある日のほうが売上個数が多い結果となりました。

　ただし、売上個数は曜日や月の影響もあることが第3章でわかっていたので、図4-33で月ごとの天気の日数を示したうえで、図4-34で月と天気ごとの平均売上個数を示しました。その観点で集計しても、降水によって売上個数が減ることはなく、とくに8月や9月は雨の日のほうが売上個数が多いことがわかりました。

　最後に、この一連の集計および考察をまとめました（図4-35）。

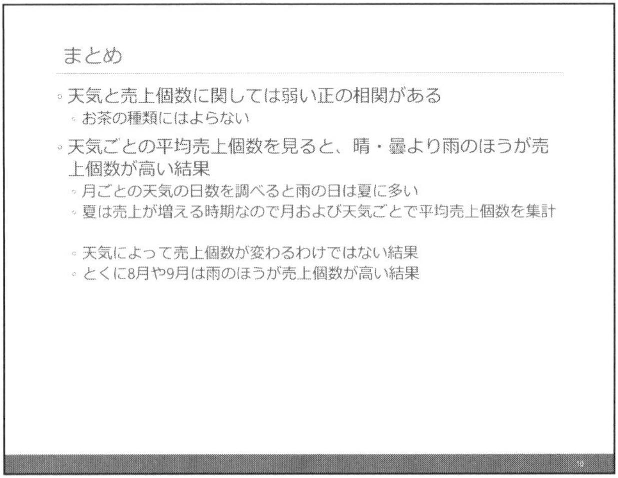

図4-35　まとめ（スライド10枚目）

まとめ　仮説や分析をもとに必要なデータを検討しよう

　本章では、日ごとの売上データに対して、曜日や季節の傾向とは異なる売り上げの傾向をつかむため、天気と気温という点に着目しました。天気や気温のデータは「いつもの POS データ」に含まれないため、気象庁の提供するデータ（外部データ）を取得し結合することで、売り上げとの関係を調べました。

　この集計では、最終的には、「雨の日でも売上個数が減らずむしろ増える」という結果が得られました。今回のデータは、本書のために作成したダミーデータです。このダミーデータは、実際の天気や降水量と売り上げの関係を考慮せずに作成しているので、この結果は「たまたま」です。しかし実際の場面では、こういった集計結果が得られた場合は、新たな仮説を立てて原因をさらに探っていく必要があります。

　たとえば、「スーパーの利用客は、即時消費ではなくある程度ストックとして購入を行う。そのため、季節は影響するが天気では左右されにくい」などの仮説を立てることも可能でしょう。また、この店舗が「駅ビル直結で電車から濡れずに移動できる」「屋根付きの駐車場を完備している」などの雨の日でも買いものがしやすい設備を備えていたり、「雨の日は割引をしている」など雨の日特有の施策を行っていたりと、データではわからない別の環境・要因が潜んでいるかもしれません。さらに、単純に「データの記録の間違いがないか」なども検討するほうがよいでしょう。

また、2月頭に売り上げが減少している日が続くこと、5月27日と8月27日の売り上げが多いことに関しては、ダミーデータを作成する際に「季節や曜日の影響とは異なるなんらかの理由で増減している」ことを想定していました。たとえば、「発注数を間違ってしまい、店頭に並べられる数が減ったため売り上げが少なくなった」「周辺でイベントがあって、突発的に売り上げが増加した」といったことです。これらのことは外部データからも読み取ることが難しく、店舗への聞き取りや観察などが必要になってきます。

　このように、「なにかの原因を探る」ことは、仮説の立案やデータの準備なども含め、考えるべきことが多く非常に難しい問題です。本章で紹介した「関係がありそうな外部データを取得・結合し分析する手法」を含め、多角的に分析を行ってください。

気温と売上個数に弱い相関があったのは前回の分析とも一致しましたけど、雨が関係ないのは意外でした。この店舗、駅直結だし屋根付きの駐車場も完備されてるから、雨の影響を受けづらいんでしょうか？

確かに、そういう設備面の理由がありそうだね。あとは、もしかしたら「雨の日セール」とか「雨の日はポイント2倍」みたいな施策をやってるのかも。

店舗に聞き取りしないとわからないですね、部長にお願いしてみます。ほかにも売り上げが増えてる日は、店舗の近くでイベントが開催されたとかもありえそうですね。

そうだね、そういった考察も報告書に添えておこう。

第 5 章
どの商品を同じ棚に置いたら売れやすい？

― 併売の分析をしてみよう ―

- 5-1 ピボットテーブルで併売状況の基礎集計を行う
- 5-2 アソシエーション分析で同時に購入されやすい組み合わせを見つける
- 5-3 報告用の資料を作成する
- まとめ アソシエーション分析で併売されやすい商品を知ろう

この章で使うファイル
- chp5.xlsx
- chp5.pptx

この章で分析するデータ
- いつものPOSデータ、併売データ（chp5.xlsx 内）

天気が売り上げに関係ないのは意外だったね。あのあと店舗に聞き取りをしたら、突発的な売り上げの増減は、近隣でのイベント開催や商品入荷が関わっていることがわかったよ。

そういう理由だったんですね。確かにイベントで人がたくさん来たら、お茶がよく売れそうです。

出先でお茶を買うことはよくありますね。ついついチョコとかクッキーも一緒に買って食べちゃうんですけど……。

ああ、それそれ。今回はそれを頼もうと思っていたんだよ。近場でイベントがあればお茶が売れやすいことを利用して、ほかの商品も一緒に売りたくて。「お茶と一緒に買われやすいもの」を調べてくれないかな？ たとえば店内で作っているお弁当やパンとか、お菓子やアイスとか。あと、ほかの飲料……たとえば炭酸飲料と一緒に売れるかどうかも知りたいな。

え、これってどうやって調べればいいんでしょう？ お茶が買われているときのレシート番号を抽出して、そこに登場する商品を集計すればいいのかな……？

集計だけならクロス集計でできるけど、傾向をきちんと分析するならアソシエーション分析が必要だね。

┌─ **この章の課題** ─
│
│ ここまでの分析で、お茶が売れやすい時期や外的な要因がわかってきました。そこで、お茶と一緒に売れやすい商品を近くに陳列することで、併売による売り上げアップを狙うことにしました。
│ **お茶系飲料**と**同時に買われやすい商品を集計**し、統計ソフトの機能などを使って**アソシエーション分析**を行い、「**一緒に買われやすい組み合わせ**」を見つけて報告用のスライドを作成してください。

5-1 | ピボットテーブルで併売状況の基礎集計を行う

　第1章から第4章までで、南極スーパーと競合他社のお茶系飲料について、単純集計や性別・年代でのクロス集計を行い、1年間の売上推移をまとめ、さらに天気・気温のデータを結合して売上個数の関係性について調べてきました。これらの集計では、自社および競合他社のお茶系飲料の特定の1商品を中心とした集計をしたうえで、商品間の比較を行っていました。

　この章では、ある商品と同時に買われる商品（**併売商品**）について分析していきます。マーケティングでは、このような分析のことを**アソシエーション分析**や**併売分析**といいます[*1]。特定の商品と併売されやすい商品がわかれば、陳列の際に併売されやすい商品を近くに配置したり、まだ同時に購入したことがない顧客に販促キャンペーンを行うといった施策が可能になります。

　本章では、併売データの抽出・集計方法を学んだのち、アソシエーション分析で使われる指標を紹介しながら分析をしていきます。まず本節では、「いつものPOSデータ」について、自社商品および競合商品の併売状況を集計します。それにより、集計方法やその考えかたについて理解を深めます。続く5-2節では、部長の依頼にあった「お茶と一緒に買われやすいもの」を調べるために、新たなデータとして「お茶・炭酸類・弁当類・パン類・お菓子・アイス」の併売状況をまとめたデータについて、集計とアソシエーション分析を行います。

手順❶ 各商品の購入回数を集計する

　実際の併売分析に入る前に、まずは「いつものPOSデータ」で併売状況の集計を学びましょう。併売状況の集計は、「各商品が購入された

---

*1 アソシエーション分析とは、「ビッグデータから関連性のある法則を探し出す分析方法」をいい、併売分析ともよばれます。ただし併売分析は、アソシエーション分析のなかでも「商品の併売について関連性のある法則を探し出す分析方法」として区別することがあります。

回数」と「各商品が別の各商品と購入された回数」を調べて行います。この2つがわかれば、「どの商品の組み合わせが購入されやすいのか」が算出できます。

まずは、「各商品が購入された回数」を集計しましょう。「いつものPOSデータ」でピボットテーブルを作成します。「行」に「レシート番号」、「列」に「商品名」、「値」に「個数」を入れ、「値フィールドの設定」から集計方法を「個数」にします（図5-1）。これでレシートごとの各商品の購入の有無が集計されました。

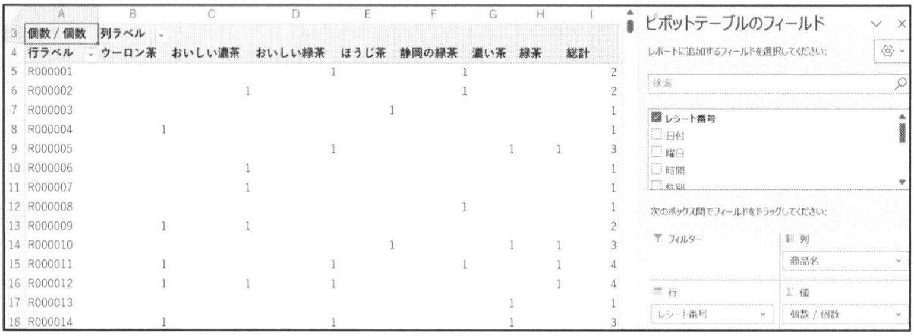

個数 / 個数	列ラベル							
行ラベル	ウーロン茶	おいしい濃茶	おいしい緑茶	ほうじ茶	静岡の緑茶	濃い茶	緑茶	総計
R000001			1		1			2
R000002		1			1			2
R000003				1				1
R000004	1							1
R000005			1			1	1	3
R000006		1						1
R000007		1						1
R000008					1			1
R000009	1	1						2
R000010				1		1	1	3
R000011	1		1		1		1	4
R000012	1	1	1				1	4
R000013						1		1
R000014	1		1			1		3

図5-1　レシートごとの各商品の購入の有無（ピボットテーブル）

図5-1で「1」と表示されているセルは、そのレシートにおいてその商品を1個以上購入していることを意味しています*2。つまり、同じレシートで複数の商品が「1」となっていれば、それらの商品は同時に購入されていることになります。たとえば、レシート番号R00001では、「おいしい緑茶」と「静岡の緑茶」が1となっているので、この2商品が併売されていることになります。また、レシート番号R00010では「ほうじ茶」「濃い茶」「緑茶」が1となっているので、この3商品が併売されていることになります。つまり、行の総計は併売商品数を表します。

一方、列の総計は、各商品が購入された回数を表します。列の総計をまとめたものが、表5-1です。

*2 ここで、集計方法を「合計」にしていれば購入個数が求められますが、併売分析においては購入の有無がわかればよいので、集計方法を「個数」にしています。

表 5-1　各商品の購入回数

	緑茶	濃い茶	おいしい緑茶	おいしい濃茶	静岡の緑茶	ほうじ茶	ウーロン茶
購入回数	65,755	45,982	84,832	59,910	46,516	39,190	31,905

　ここで、ピボットテーブルの集計結果を別シートに「値の貼り付け」して、第1章と同様に各商品の列を「自社商品」「競合A社」「B社」「C社」「D社」の順に入れ替えます。また、このあとの分析に行の総計と列の総計は不要なので、削除します。すると図5-2のようになります。

	A	B	C	D	E	F	G	H	I
1		緑茶	濃い茶	おいしい緑茶	おいしい濃茶	静岡の緑茶	ほうじ茶	ウーロン茶	
225614	R225613		1						
225615	R225614	1			1				
225616	R225615	1			1	1			
225617	R225616					1			
225618									

図 5-2　レシートごとの各商品の購入の有無（集計用）

手順❷ 各商品が併売されている回数を集計する

　続いて、「各商品が別の各商品と購入された回数」を集計していきます。図5-2のデータにフィルター機能を使って、特定の商品が1となっているデータを抽出します。図5-3は、自社商品である「緑茶」をフィルタリングした結果の一部です。

	A	B	C	D	E	F	G	H
1		緑茶	濃い茶	おいしい緑茶	おいしい濃茶	静岡の緑茶	ほうじ茶	ウーロン茶
6	R000005	1	1	1				
11	R000010	1	1		1			
12	R000011	1		1		1		1
13	R000012	1		1				1
17	R000016	1		1				
18	R000017	1				1		
20	R000019	1		1				
22	R000021	1			1			
29	R000028	1						

図 5-3　「緑茶（自社）」が購入されたレシートのみを抽出した状態

5-1　ピボットテーブルで併売状況の基礎集計を行う　|　157

このフィルタリングされたデータを別のシートに「値の貼り付け」を
し、各列の合計を計算します。緑茶の合計値は表 5-1 の緑茶の購入回数
と同じになるので、それ以外の商品について合計値をまとめると、表
5-2 のようになります。これで「緑茶」と各商品との併売回数を集計で
きました。

表 5-2　緑茶との併売回数

	濃い茶	おいしい緑茶	おいしい濃茶	静岡の緑茶	ほうじ茶	ウーロン茶
併売回数	11,426	15,441	10,835	9,737	8,149	6,668

　同様に集計を繰り返して[*3]、それぞれの商品について併売回数を求め
ます[*4]。表 5-3 に全 7 商品間の併売回数を示します。濃い灰色で網掛け
されているセルは表 5-1 と同じ値なので、その商品の購入回数であるこ
とがわかります。

表 5-3　商品間の併売回数

	緑茶	濃い茶	おいしい緑茶	おいしい濃茶	静岡の緑茶	ほうじ茶	ウーロン茶
緑茶	65,755	11,426	15,441	10,835	9,737	8,149	6,668
濃い茶	11,426	45,982	10,761	7,476	6,795	5,677	4,577
おいしい緑茶	15,441	10,761	84,832	17,948	12,663	10,724	8,618
おいしい濃茶	10,835	7,476	17,948	59,910	8,760	7,398	5,963
静岡の緑茶	9,737	6,795	12,663	8,760	46,516	5,691	4,622
ほうじ茶	8,149	5,677	10,724	7,398	5,691	39,190	3,862
ウーロン茶	6,668	4,577	8,618	5,963	4,622	3,862	31,905

*3 数学的には、図 5-2 のデータにおいて空白セルに 0 を入れたデータを D、D を転置した
ものを D' とするとき、$D'D$ という行列演算により集計を繰り返すことなく併売回数を求め
られます。

*4 この集計方法の場合、各レシートで何種類の商品を購買していたかにかかわらず、2 商
品の組み合わせの購買回数が算出されている点に注意が必要です。たとえばレシート番号
R00010 では「緑茶」「濃い茶」「ほうじ茶」の 3 つが同時に購入されていますが、表 5-3 で
は「緑茶と濃い茶」「緑茶とほうじ茶」「濃い茶とほうじ茶」がそれぞれ 1 回ずつとして集
計されています。

これを見ると、最も併売回数が多いものは「おいしい緑茶」と「おいしい濃茶」の17,948回、続いて「緑茶」と「おいしい緑茶」の15,441回ということがわかります。また、商品に着目すると、「緑茶」と併売が多いのは「おいしい緑茶」「濃い茶」の順で、競合Ａ社の「おいしい緑茶」と併売が多いのは「おいしい濃茶」「緑茶」の順であることがわかります。

手順❸ 商品の購入回数と併売回数から商品間の併売比率を求める

　手順❷で、最も併売回数が多いものは「おいしい緑茶」と「おいしい濃茶」、次に併売回数が多いのは「緑茶」と「おいしい緑茶」であることがわかりました。しかし、「おいしい緑茶」や「緑茶」はそもそも購入回数が多いので、「おいしい緑茶」や「緑茶」を含む併売回数が上位に来ることは当然です。そのため、併売回数を商品の購入回数で割って、併売の割合にして比較することが重要になります。

　表5-4は、表5-3の各行を、その商品の購入回数（濃い灰色で網掛けしてあるセル）で割ってパーセント表示にしたものです。たとえば1行目「緑茶」の3列目「おいしい緑茶」は、「$15,441 \div 65,755 \fallingdotseq 0.235$」、つまり約23.5%となります。

表 5-4　商品間の併売比率

	緑茶	濃い茶	おいしい緑茶	おいしい濃茶	静岡の緑茶	ほうじ茶	ウーロン茶
緑茶		17.4%	23.5%	16.5%	14.8%	12.4%	10.1%
濃い茶	24.8%		23.4%	16.3%	14.8%	12.3%	10.0%
おいしい緑茶	18.2%	12.7%		21.2%	14.9%	12.6%	10.2%
おいしい濃茶	18.1%	12.5%	30.0%		14.6%	12.3%	10.0%
静岡の緑茶	20.9%	14.6%	27.2%	18.8%		12.2%	9.9%
ほうじ茶	20.8%	14.5%	27.4%	18.9%	14.5%		9.9%
ウーロン茶	20.9%	14.3%	27.0%	18.7%	14.5%	12.1%	

5-1　ピボットテーブルで併売状況の基礎集計を行う　｜　159

これを見ると、「おいしい濃茶」を買った人うちの 30.0% が「おいしい緑茶」も買っていることがわかります。反対に「おいしい緑茶」を買った人は 21.2% が「おいしい濃茶」を購入していることになります。また、「ほうじ茶」や「ウーロン茶」を買ったうちのそれぞれ 27.4%、27.0% が「おいしい緑茶」を購入しています。反対に「おいしい緑茶」を購入した人はそれぞれ 12.6% と 10.2% しか「ほうじ茶」や「ウーロン茶」を購入していないことがわかりました。

　このように、比率にして比較することで、商品間の併売のしやすさ・しにくさを把握することができます。

　ただし比率にする際は、注意が必要な場合があります。それは併売される商品そのものの購入回数が少ない場合です。今回のデータでは最も販売回数が少ないウーロン茶でも 6,668 回の購入がありましたが、たとえばある「お茶 X」の購入回数が 10 回だったとします。このとき、この 10 回のうち 8 回「緑茶」が併売されていた場合、「お茶 X」を買った人の 80% が「緑茶」を購入している、という結果になります。この結果をもとに、たとえば、「お茶 X を買った人には緑茶を勧めよう」といった施策を打つことは適切でしょうか？

　ほかの商品が数千、数万単位で買われているのに対し、「お茶 X」はたった 10 回しか買われていない、ほぼ売れない商品です。その商品に対して費用をかけて施策を打つよりは、もっと効果がありそうな施策に費用をかけたほうがよいことになります。そのため、比率とともに購入回数を含めて総合的にデータを見ていくことが重要になります。

Column 09
ビールと紙おむつ

　併売分析の有名な事例として、「ビールと紙おむつ」の話があります。さまざまなメディアや講演で取り上げられており、細かいところで少しずつ違ったりもするようですが、おおむね以下のような話です。

　あるスーパーが来店客の購入商品の分析をしたところ、ビールと紙おむつが一緒に購入されることが多い、という結果が出た。「関連性がなさそうな2商品がなぜ一緒に購入されるのだろう?」と疑問を覚えたスーパーが購入実態を調査したところ、子どもの紙おむつを買いにきた父親が紙おむつを買うついでに自分用のビールを購入していることがわかった。そこで、紙おむつ売り場の近くにビールを陳列したところ、売上アップに成功した。

　この話はどうやら、1992年12月23日に米紙『ウォールストリートジャーナル』に掲載された「Supercomputers Manage Holiday Stock」という記事が始まりのようです(実話か否かはわかっていないようです)。併売分析、もっというと多くのデータから意味のある情報を見つける「データマイニング」の非常にわかりやすい一例です。

5-1　ピボットテーブルで併売状況の基礎集計を行う　|　161

5-2 アソシエーション分析で同時に 購入されやすい組み合わせを見つける

　さて、いよいよ新しいデータを使って「お茶と一緒に買われやすいもの」を調べていきましょう。ここで、注意点が2つあります。

　1つめは組み合わせの数です。前節では、7商品のお茶系飲料に対して、2商品の組み合わせの併売回数を集計しました。しかし、図5-1のレシート番号R00005は「緑茶」「濃い茶」「おいしい緑茶」の3商品を同時に購入しているように、併売には2商品の組み合わせだけではなく、さまざまなパターンがありえます。たとえば、A・B・Cという3商品の併売について考えてみましょう。2商品の組み合わせが「AとB」「AとC」「BとC」の3パターン、3商品の組み合わせが「AとBとC」の1パターンで、合計4種類の併売パターンが考えられます。併売パターンは、4商品の場合は11種類、5商品の場合は26種類、6商品では57種類あり、7商品になると実に120種類になります。このなかから「一緒に買われやすい組み合わせ」を調べる必要があります。

　2つめは、併売の「向き」です。前節で集計した「おいしい緑茶」と「ほうじ茶」の併売状況を見てみましょう。「ほうじ茶」を買った人の割合で見ると約27%が「おいしい緑茶」を購入していますが、「おいしい緑茶」を買った人の割合で見ると10%程度しか「ほうじ茶」を購入していないことがわかります。商品の併売は単なる組み合わせの問題ではなく、「向き」があるのです。

　このような併売データから「一緒に買われやすいもの」といった法則を見つけるためには、併売の組み合わせや向きを考慮する必要があります。このようなときに便利な分析手法が、アソシエーション分析です。本節では、アソシエーション分析の考えかたを説明したのち、新たなデータを用いて「お茶と一緒に買われやすいもの」を調べていきます。

手順❶「アソシエーション分析」の考えかたを知る

アソシエーション分析は、複数種類の商品が購入されたデータから「商品Aを購入する人は商品Bも購入しやすい」「商品Xと商品Yを購入すると商品Zも購入されることが多い」などの**アソシエーションルール**（以下、**ルール**）を見つける分析です。このとき、ルールをA⇒Bや {X, Y}⇒Zと表記し、「⇒」の前（左）側を**前提部**、後（右）側を**帰結部**と呼びます。

アソシエーションルールを見つける際には、「支持度」「確信度（信頼度）」「リフト値」という3つの指標を用いてルールの有効性を判断します。それぞれについて簡単に説明します。

支持度

支持度とは、「全購買のなかで当該商品が購買される割合」を意味し、「Xの支持度」や「X⇒Yの支持度」と表現します。「Xの支持度」といった場合は、「全購買のうち商品Xを含む購買の割合」のことを示します。また、「XとYの支持度」や「X⇒Yの支持度」と表現した場合は、「全購買のうち商品Xと商品Yの両方を購買する割合」のことを示します。それぞれをベン図で表したものが図5-4です。なお、図中の横線は分数を表します。

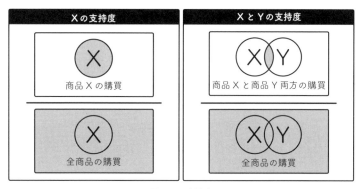

図 5-4　支持度

図5-4左は、分母が「全商品の購買」、分子が「商品Xの購買」なので、「Xの支持度」を表しています。図5-4右は、分母が「全商品の購買」、分子が「商品Xと商品Yの両方の購買」を表しているので、「XとYの支持度」を表しています。「XとYの支持度」は「X⇒Yの支持度」もしくは「Y⇒Xの支持度」と表現することもありますが、支持度の場合は矢印の向きはどちらでも値は同じになります。

確信度

　確信度とは、「商品Xと商品Y両方の購買の割合」を意味し、「X⇒Yの確信度」などと表現します。「X⇒Yの確信度」は、前提部である商品Xを含む購買のうち、帰結部である商品Yも購入している（商品Xと商品Yを購入している）割合のことを示します。ベン図で表すと図5-5となります。

図5-5　X⇒Yの確信度

　分母は「商品Xの購買」を表しており、分子は「商品Xと商品Y両方の購買」を表しています。
　ここで、「X⇒Yの確信度」の値が高い場合、商品Xを購入するときに商品Yも購入する割合が高いことを示すので、「商品Xから見た商品Yの関連の強さ」を表す指標と考えられます。

リフト値

　リフト値とは、「すべての購買のなかで、商品Xと商品Y両方の購買の数が、商品Yだけの購買よりどの程度多いか」を表しており、「X⇒Yのリフト値」などと表現します。「X⇒Yのリフト値」は「X⇒Yの確信度」を「Yの支持度」で割った値であり、ベン図で表すと図5-6となります。2重の分数になっていますが、大きな分数における分母は「商品Yの支持度」を表しており、分子は「X⇒Yの確信度」を表しています。

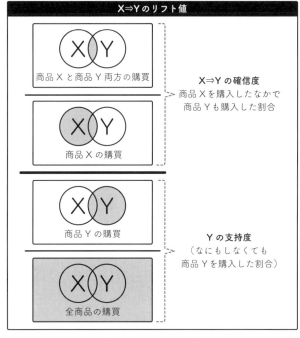

図5-6　X⇒Yのリフト値

　これは、商品Yの購入に着目したときに、大きな分数における分母は「（販促施策などを）なにもしなくても起こる商品Yの購買の割合」を表し、分子は「商品Xの購買における商品Yの購買の割合」を表しています。リフト値が1を超える場合は「分子のほうが大きい」ことに

なるので、「なにもしなくても起こる商品 Y の購買の割合」より「商品 X の購買における商品 Y の購買の割合」のほうが大きい、つまり、「購入者全体と比較して、商品 X を購入した人のほうが商品 Y を購入しやすい」ことになります。逆に、リフト値が 1 を下回る場合は「分母のほうが大きい」ことになるので、「購入者全体と比較して、商品 X を購入した人のほうが商品 Y を購入しにくい」ことになります。よって、「X⇒Y のリフト値」は、商品 Y の購入における商品 X の貢献度を表していると考えられます。

例として、実際の数値を使って考えてみましょう。全体の購入者が 100 人、商品 X の購入者が 40 人、商品 Y の購入者が 50 人、商品 X と商品 Y の購入者が 10 人だったとします（図 5-7）。

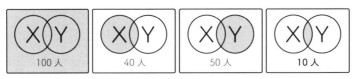

図 5-7　商品 X と商品 Y の購入者数の例

「商品 Y の支持度」は、「Y の購入者 50 ÷ 全体の購入者 100 ＝ 0.5」となります。また、「X⇒Y の確信度」は「両方の購入者 10 ÷ 商品 X の購入者 40 ＝ 0.25」となります。よって「リフト値」は「0.25 ÷ 0.5 ＝ 0.5」となります。商品 Y の購入に関して、全体の購入者と比較すると、商品 X を購入した人が商品 Y を購入する割合は 0.5 倍（半分）、つまり貢献度が半分であると考えられます。

同様に、商品 X と Y の購入者だけが 20 人になった場合はどうでしょうか？　「X⇒Y の確信度」は 20 ÷ 40 ＝ 0.5 となります。よってリフト値は 0.5 ÷ 0.5 ＝ 1 となり、商品 Y の購入に関して、全体の購入者と比較すると、商品 X を購入した人が商品 Y を購入する割合は変わらず、貢献には無関係となります。

さらに、商品 X と Y の購入者が 30 人だった場合はどうでしょうか？

「X⇒Y の確信度」は 30÷40＝0.75 となるので、リフト値は 0.75÷0.5＝1.5 です。商品 Y の購入に関して、全体の購入者と比較すると、商品 X を購入した人が商品 Y を購入する割合は 1.5 倍、つまり貢献度が 1.5 倍となります。これらをまとめたものが表 5-5 です。

表 5-5　リフト値の計算例

商品 X と Y の併売	商品 X の購買	商品 Y の購買	すべての購買	リフト値
10	40	50	100	$(10÷40)÷(50÷100)$ $=0.25÷0.5$ $=0.5$
20	40	50	100	$(20÷40)÷(50÷100)$ $=0.5÷0.5$ $=1$
30	40	50	100	$(30÷40)÷(50÷100)$ $=0.75÷0.5$ $=1.5$

　アソシエーション分析では、これらの指標をもとに、あらゆる商品の購入の組み合わせに関して、リフト値が高いルールを探していきます。このとき、前提部、帰結部ともに複数の商品の組み合わせを考える必要があります。実際のマーケティングでは商品は数百種類以上にもなり、組み合わせの数は膨大なものとなるため、ルールを探すときは効率化する必要があります。効率化手法の詳細は本書の範囲を超えるため割愛しますが、簡単に紹介だけしておきます。

　たとえば、商品 Y の購入が非常に少ない場合、商品 X によってはリフト値が非常に高くなるケースがありえます。ここで「商品 Y の購入に関して、商品 X と一緒に買う人が多いので、商品 X を購入した人に商品 Y との併売を促しましょう」というマーケティング戦略を立てたとしても、そもそも商品 Y を購入している人が少ない（≒人気がない）場合、この戦略は無駄になる可能性が高いと考えられます。より効果のありそうな戦略をとったほうがよいでしょう。そこで、支持度と確信度に下限値を設けてルールを探していくことになります。

5-2　アソシエーション分析で同時に購入されやすい組み合わせを見つける　｜　167

このように実態に即したかたちでさまざまな効率化を行ってルールを探していくアルゴリズムが、Agrawal and Srikant(1994)[*5] によって提案されています。これを**アプリオリのアルゴリズム**と呼び、アソシエーション分析で広く用いられています。

手順❷ 併売データの基礎集計を行う

　実際のデータで分析を行っていきましょう。今回分析するデータは「いつものPOSデータ」ではなく、「お茶・炭酸飲料・弁当類・パン類・お菓子・アイス」の6つのカテゴリーの商品1,000件の購入データ（以降、「**併売データ**」）です。南極スーパーではさまざまなカテゴリーの商品が売られていて、多様な併売がなされていますが、ここでは部長から併売関係を調べてほしいと依頼のあった「お茶・炭酸飲料・弁当類・パン類・お菓子・アイス」の6ジャンルに着目することにしました。

　「併売データ」は、1行が1購買を表しており、購入したら1、そうでなければ0が表示されています（図5-8）。各行には必ず1商品以上の購買がありますが、複数商品を購入している（＝併売している）とはかぎりません。

	A	B	C	D	E	F
1	お茶	炭酸飲料	弁当類	パン類	お菓子	アイス
2	1	1	0	0	0	0
3	1	0	0	0	1	0
4	0	1	0	0	0	0
5	1	1	0	0	0	0
6	0	1	0	0	1	1
7	0	0	0	1	0	1
8	0	0	1	0	0	0
9	0	0	0	0	1	0
10	1	1	1	0	0	0

図 5-8　「併売データ.xlsx」を Excel で開いた状態

[*5] Agrawal R., & Srikant R. (1994). Fast algorithm for mining association rules. *IBM Research Report.*

表5-6は、各カテゴリーの購入回数と各列の合計を計算した結果です。全1,000件の購買のうち、お茶が640回（64.0%）、炭酸飲料が514回（51.4%）という順で買われていることがわかります。

表 5-6　各カテゴリーの購入回数

	お茶	炭酸飲料	弁当類	パン類	お菓子	アイス
購入回数	640	514	397	221	189	172

また表5-7は、1回の購買における購入カテゴリー数の集計です。これは、各行の合計を計算し、1回の購入における購買カテゴリー数を求めたうえで、その数を集計したものです。

表 5-7　1回の購買における購買カテゴリー数

	1カテゴリー	2カテゴリー	3カテゴリー	4カテゴリー	5カテゴリー	6カテゴリー
件数	293	375	251	71	7	3

表5-7から、1カテゴリーの商品のみの購入が293件（29.3%）、2カテゴリー以降は375件、251件、……となっていて、全6カテゴリーの商品を購入しているのはわずか3件であることがわかります。

ここで、表5-3と同様の方法でカテゴリーの併売の組み合わせ件数を集計したところ、表5-8のようになりました。

5-2　アソシエーション分析で同時に購入されやすい組み合わせを見つける　|　169

表 5-8　カテゴリー間の併売回数

	お茶	炭酸飲料	弁当類	パン類	お菓子	アイス
お茶	640	358	283	108	97	100
炭酸飲料	358	514	168	88	89	78
弁当類	283	168	397	73	67	57
パン類	108	88	73	221	43	32
お菓子	97	89	67	43	189	28
アイス	100	78	57	32	28	172

　併売回数が多いのは「お茶」と「炭酸飲料」の組み合わせ、続いて「お茶」と「弁当類」、「炭酸飲料」と「弁当類」と続くことがわかります。併売回数が少ないほうを見ると、「お菓子」と「アイス」、「パン類」と「アイス」、「パン類」と「お菓子」などが併売回数が少ないことがわかります。ただし、「お茶」や「炭酸飲料」はそもそもの購買回数が多く、「パン類」「お菓子」「アイス」は少ないので、表5-4と同様に、各商品の併売個数で割って比率を求めます（表5-9）。

表 5-9　カテゴリー間の併売比率

	お茶	炭酸飲料	弁当類	パン類	お菓子	アイス
お茶		55.9%	44.2%	16.9%	15.2%	15.6%
炭酸飲料	69.6%		32.7%	17.1%	17.3%	15.2%
弁当類	71.3%	42.3%		18.4%	16.9%	14.4%
パン類	48.9%	39.8%	33.0%		19.5%	14.5%
お菓子	51.3%	47.1%	35.4%	22.8%		14.8%
アイス	58.1%	45.3%	33.1%	18.6%	16.3%	

　この表を見ると、「弁当」を購入した人の71.3%が「お茶」を購入しており、最も多い併売割合であることがわかります。一方、この逆の「お茶」を購入した人は44.2%しか「弁当類」を購入していないことになります。

また、総じてどの商品も「お茶」と併売されていて、最も少ないものが「パン類」を購入している人の 48.9% となっています。一方、「お茶」を購入している人は、半数前後が「炭酸飲料」や「弁当類」を購入しますが、「パン類」「お菓子」「アイス」は 15% 程度しか併売されないことがわかります。また、どのカテゴリーもアイスと併売されにくい（15%前後）ことがわかります。

手順❸ アソシエーション分析を実施し結果を解釈する

　ここから、アソシエーション分析を実施していきます。Excel ではアソシエーション分析を実施できないため、ここでは R というプログラミング言語で分析した結果を紹介します。R とは、統計分野でよく用いられるプログラミング言語です。

　R を使うためには、パソコンに必要なソフトをインストールするなどの環境構築や、プログラミングの知識が必要になりますが、その説明は本書の範囲を超えるため割愛します。ただし、本書のウェブサイトから、この本で利用している Excel などの各種データと併せて簡単な R の解説 PDF をダウンロードできるようにしています。解説 PDF には、環境構築の方法・ブラウザで R を利用できるサービスの紹介・この分析を行ったプログラムとその簡単な説明を掲載しています。

　本書内では、分析プログラムの実行自体は割愛[6] して、分析結果を見ていきましょう。**手順❶**で軽く触れたように、ルール探しの効率化のためには支持度と確信度の閾値（下限値）を決める必要があります。ここでは、ひとまず支持度は 0.05、確信度は 0.4 という条件で分析しました。つまり、1,000 件のうち、ルールの前提部と帰結部を合わせた組み合わせが 50 回以上購入されていること、前提部に対して帰結部が 4 割以上含まれることが条件です。

---

[6] Excel でアソシエーション分析を行うことは容易ではありませんが、それ以外の統計ソフトでは、アソシエーション分析の機能が搭載されていることがあります。実務ではそういった分析機能を利用することを想定して、本書では結果の解釈に特化した解説を行います。

5-2　アソシエーション分析で同時に購入されやすい組み合わせを見つける ┃ 171

その結果、20 のルールが得られました。リフト値の降順に並べた結果を以下に示します。以下の結果のうち、「lhs」は前提部、「rhs」は帰結部、「support」はルールの支持度、「confidence」はルールの確信度、「coverage」は前提部の支持度、「lift」はルールのリフト値、「count」はルールの総数を表しています。「lift」の列を見ると、20 のルールのうち 8 までがリフト値 1 を上回っていることがわかります。

	lhs	rhs	support	confidence	coverage	lift	count
[1]	{炭酸飲料, 弁当類} =>	{お茶}	0.138	0.8214286	0.168	1.2834821	138
[2]	{炭酸飲料, アイス} =>	{お茶}	0.058	0.7435897	0.078	1.1618590	58
[3]	{お茶, アイス} =>	{炭酸飲料}	0.058	0.5800000	0.100	1.1284047	58
[4]	{お茶, お菓子} =>	{炭酸飲料}	0.056	0.5773196	0.097	1.1231899	56
[5]	{弁当類} =>	{お茶}	0.283	0.7128463	0.397	1.1138224	283
[6]	{お茶} =>	{弁当類}	0.283	0.4421875	0.640	1.1138224	283
[7]	{炭酸飲料} =>	{お茶}	0.358	0.6964981	0.514	1.0882782	358
[8]	{お茶} =>	{炭酸飲料}	0.358	0.5593750	0.640	1.0882782	358
[9]	{} =>	{炭酸飲料}	0.514	0.5140000	1.000	1.0000000	514
[10]	{} =>	{お茶}	0.640	0.6400000	1.000	1.0000000	640
[11]	{炭酸飲料, お菓子} =>	{お茶}	0.056	0.6292135	0.089	0.9831461	56
[12]	{お茶, 弁当類} =>	{炭酸飲料}	0.138	0.4876325	0.283	0.9487014	138
[13]	{お茶, パン類} =>	{炭酸飲料}	0.052	0.4814815	0.108	0.9367344	52
[14]	{炭酸飲料, パン類} =>	{お茶}	0.052	0.5909091	0.088	0.9232955	52
[15]	{お菓子} =>	{炭酸飲料}	0.089	0.4708995	0.189	0.9161468	89
[16]	{アイス} =>	{お茶}	0.100	0.5813953	0.172	0.9084302	100
[17]	{アイス} =>	{炭酸飲料}	0.078	0.4534884	0.172	0.8822731	78
[18]	{弁当類} =>	{炭酸飲料}	0.168	0.4231738	0.397	0.8232953	168
[19]	{お菓子} =>	{お茶}	0.097	0.5132275	0.189	0.8019180	97
[20]	{パン類} =>	{お茶}	0.108	0.4886878	0.221	0.7635747	108

　結果の解釈のしかたを説明します。以下の 1 つめのルールを見てください。

	lhs	rhs	support	confidence	coverage	lift	count
[1]	{炭酸飲料, 弁当類} =>	{お茶}	0.138	0.8214286	0.168	1.2834821	138

前提部が「炭酸飲料」と「弁当類」、帰結部が「お茶」となっているので、この行が示しているルールは「炭酸飲料と弁当類を購入すると、お茶を購入する」となります。支持度を表す「support」は 0.138 なので、「炭酸飲料」と「弁当類」と「お茶」の同時購買は 138 件（13.8%）となります。「support」の 2 つ隣にある「coverage」は「炭酸飲料と弁当類の支持度」を表しており、これは 0.168 です。そして確信度を表す「confidence」は、「炭酸飲料と弁当類の支持度」÷「炭酸飲料と弁当類とお茶」の支持度を表すため、「0.138 ÷ 0.168 ≒ 0.821」となります。さらに帰結部である「お茶」の購入割合（お茶の支持度）は表 5-8 より 0.640 なので、リフト値を表す「lift」は 0.821 ÷ 0.640 ≒ 1.283 と算出されます。

　ここで、リフト値が約 1.283 と 1 を超えているので、全購買と比較して「お茶」を購買することが「炭酸飲料」と「弁当類」を購買することに約 1.3 倍貢献している、と解釈できます。

　同様に、2 つめのルールを見てみましょう。

```
[2] {炭酸飲料,アイス} => {お茶}    0.058   0.7435897   0.078    1.1618590  58
```

　これは「炭酸飲料とアイスを購入すると、お茶を購入する」というルールで、リフト値が 1.162 です。全購買と比較して「お茶」を購買することが「炭酸飲料」と「アイス」を購買することに約 1.2 倍貢献している、と解釈できます。「アイス」は購買回数が少なく、併売の比率も低かったのですが、アソシエーション分析ではこのようにルールに出現しました。

　このように各行のルールを解釈していくと、9 番目以降はリフト値が 1 を下回っていることがわかります。つまり、9 番目以降のルールは、併売の貢献が見られない組み合わせだと解釈できます。また、リフト値が 1 を超えるルールの前提部もしくは帰結部に、「お茶」が必ず出現している点にも注目してください。「お茶」は購買回数が多く、かつ、さまざまな商品と併売されているため、アソシエーション分析でもルールに現れたと考えられます。

ここでは、支持度が 0.05 以上、確信度が 0.4 以上という条件でアソシエーション分析を行いましたが、支持度が高いと当たり前のルールしか出てきません。また、支持度や確信度の値によっては、1 つもルールが出てこなかったり、反対にかなり多くのルールが出てきてしまったりします。たとえば、確信度は 0.4 のまま支持度を 0.1 に設定すると、11 件（うちリフト値が 1 を超えるものが 7 件）、支持度を 0.01 にすると 47 件（うちリフト値が 1 を超えるものが 28 件）のルールが出てきます。

　同様に、支持度は 0.05 のままで、確信度を 0.2 にすると、28 件（うちリフト値が 1 を超えるものが 12 件）、確信度を 0.6 にすると 13 件（うちリフト値が 1 を超えるものが 7 件）のルールが出てきます。

　支持度の値を増やすとルールは減り、減らすとルールは増えますし、確信度の値を増やすとルールは減り、減らすとルールは増えることがわかります。また、データによってはルールがたくさん出力されるぶん、分析にかかる時間も増えることになります。

　「支持度や確信度をいくつに設定するか」という問いに、明確な基準はありません。分析するデータの状況に応じて変更する必要があります。ただ、前節の「お茶 X」の例で述べたように、購入回数、つまり支持度があまりにも低い商品でルールを作成しても、実際の施策として費用対効果がよくないだろう、ということは理解しておいてください。

5-3 報告用の資料を作成する

今回も報告用の資料を作成します。部長からは「お茶と一緒に買われやすい商品を調べてくれ」と依頼されているので、その観点で資料を作成していきます（図5-9）。

図5-10のスライドでは、分析に用いたデータの説明を行い、基礎集計として各カテゴリーの購入回数と、1購買あたりの購入カテゴリー数の結果を提示しました。

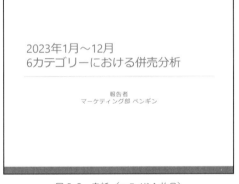

図5-9 表紙（スライド1枚目）

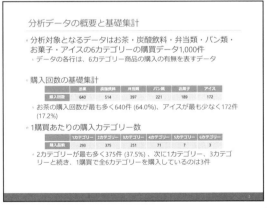

図5-10 分析対象のデータ説明と基礎集計の結果（スライド2枚目）

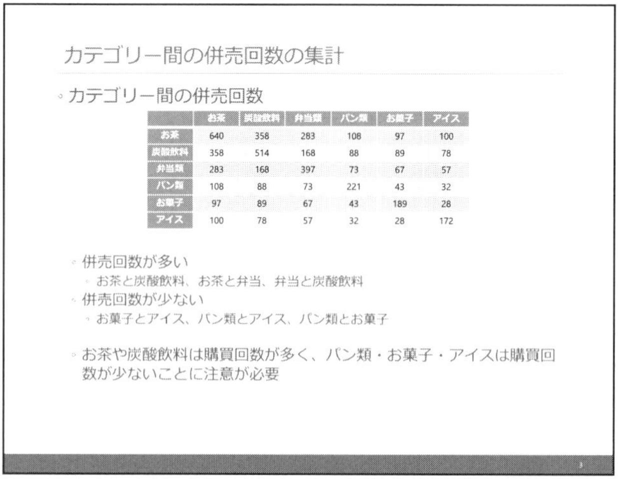

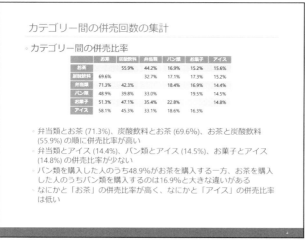

図 5-11　カテゴリー間の併売回数（スライド 3 枚目）

図 5-12　カテゴリー間の併売比率（スライド 4 枚目）

　図 5-11 のスライドではカテゴリー間の併売回数を、図 5-12 のスライドではカテゴリー間の併売比率を提示し、考察を行いました。

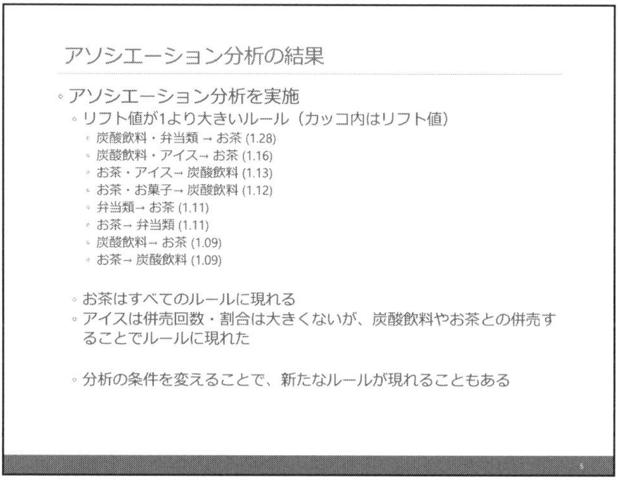

図 5-13　アソシエーション分析の結果（スライド 5 枚目）

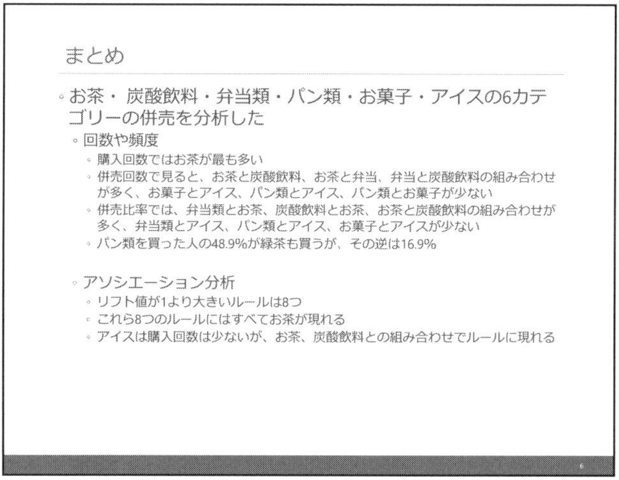

図 5-14　まとめ（スライド 6 枚目）

　図5-13のスライドでは、アソシエーション分析を実施した結果につ
いて、リフト値が1を超えるものだけルールを紹介し考察を行いまし
た。最後にまとめのスライドを入れました（図5-14）。

5-3　報告用の資料を作成する　｜　177

まとめ　アソシエーション分析で併売されやすい商品を知ろう

　この章では、「いつものPOSデータ」に対してレシートごとの各商品購入有無の集計を行い、そのデータから商品間の併売を集計しました。この際、併売の比率を求めて比較しました。さらに、アソシエーション分析についての説明をしたのち、「お茶・炭酸飲料・弁当類・パン類・お菓子・アイス」の6カテゴリーの商品の併売データの集計を行うとともに、アソシエーション分析と考察を行いました。

　アソシエーション分析では、分析条件によって出てくるルールの数が違います。今回の場合、支持度を0.01、確信度を0.4にすると47件のルールが出てきますが、このなかでリフト値が1.35と3番目に高いルールは「{お菓子, アイス} => {弁当類}」となっており、購入回数の多い「お茶」や「炭酸飲料」が前提部にも帰結部にも出現していません。このように、条件を変えると新たなルールが現れる可能性があるので、実際の分析では条件を変えて何度か分析することをおすすめします。

　なお、本章のデータもこの分析のために作成した疑似データなので、実際のデータとは傾向が異なる点などに注意が必要です。

 難しかった……理解できてるのは、併売データの集計は比率で見ることが重要そうだ、ってことくらいです。

 アソシエーション分析は難しいし、Rも慣れないだろうから、ゆっくりで大丈夫。比率の重要性を理解できたのはすごくいいことだね。

 そう言っていただけると安心します……信頼度・確信度・リフト値は覚えたので、結果を読み解くことはできそうです。

 それは心強い！　今度は別のカテゴリーとか、商品ごととか、いろいろ試しながら少しずつ慣れていこう。

売れる商品を狙って入荷しよう！

－店頭カバー率とPI値から売れ筋商品を見つけよう－

6-1 店頭カバー率から多くの店が扱っている商品を見つけ出す

6-2 対象店舗数ベースのPI値から売れている商品を見つけ出す

6-3 出現店舗数ベースのPI値から隠れヒット商品を見つけ出す

6-4 報告用の資料を作成する

まとめ さまざまな指標を活用して売上アップを目指そう

この章で使うファイル
- chp6.xlsx
- chp6.pptx

この章で分析するデータ
- 小魚くんシリーズ週次データ
  （chp6.xlsx 内）

君たち、確か「小魚くんシリーズ」のスナック菓子が好きだったよね。あのシリーズ、うちでも取り扱うことになったよ。

本当ですか？「小魚くんシリーズ」大好きです！いろんなフレーバーがあるから、選ぶのも楽しいんですよね。

うん、いろんな種類があるよね。全種類は棚に置けないから、どのフレーバーを仕入れたらいいか考えてみてくれない？

個人的には、新販売の「しびれ味」が好きですね！

いやいや、やっぱり「激辛味」でしょう！前はあまり見かけなくて何店舗かハシゴして買ってましたけど、最近だんだん見かけるようになってきた気がします。

うん、君たちの好みはわかったけど、よそのお店でどれが売れているのか、ちゃんとリサーチしたうえで提案してね。

は〜い。でも、いつものPOSじゃ調べられませんね。

そうだね。今回は、ほかのお店のデータも入っている週次集計POSデータを使おうか。

この章の課題

南極スーパーでは、有名メーカーの「小魚くんシリーズ」というスナック菓子を取り扱うことになりました。「小魚くんシリーズ」には、定番商品だけでなく、季節限定商品などを含む幅広いラインナップがあります。かぎられた陳列スペースで効率よく売るためには、どの商品を入荷するのがよいでしょうか？

ここでは、系列店舗のデータを集計した週次集計POSデータを分析して、**各種指標から売れ筋商品を見つけ**、報告用のスライドを作成してください。

6-1 | 店頭カバー率から多くの店が扱っている商品を見つけ出す

　本章では、週次集計の POS データを分析して、ほかの店で売れている商品を見つけ出す方法を学びます。まず本節では、売れ筋の商品を見つける際に代表的な指標の１つである店頭カバー率を算出し、考察を行います。続く 6-2 節と 6-3 節では PI 値という指標を算出し、最後に 6-4 節で報告用のスライドを作成します。それでは早速、分析に入っていきましょう。

手順❶ 週次集計の POS データを入手する

　これまでマーケティング部の面々は「いつもの POS データ」や「併売データ」を使い、自分たちのスーパーでどのような商品が売れているか調べてきました。しかし今回は、市場全体としてどの商品が売れているかを調べる必要があります。そこで、複数の店舗におけるレシートデータを商品ごとに集計したデータを使ってみましょう。本章では、南極スーパーの系列の約 100 店舗を集計対象とし、各商品の売上状況を週ベースで集計したデータを使います。以後、これを「**週次集計 POS データ**」とよびます。なお、今回は週次のデータを使用しますが、レシートの集計データには月ベースで集計したデータもあります。また、今回は南極スーパーが保有する系列店舗のデータを使いますが、ほかにも第三者のリサーチ会社などが提供する POS データを使うこともあります。リサーチ会社のなかには、複数の小売店（スーパー、コンビニエンスストア、ドラッグストアなど）と契約し、彼らが保有する POS データの提供を受け、それらを集計し、分析レポートや集約した POS データを提供しているところもあります。

　これらのデータは、多くの場合、「菓子類」「乳製品」などの商品カテゴリー単位で構成されます。そこで今回は「菓子類」の週次集計の POS データのなかから、南極スーパーが新たに取り扱おうとしている以下の 6 種類のスナック菓子のデータを、フィルター機能を使い抽出します。

6-1　店頭カバー率から多くの店が扱っている商品を見つけ出す　| 181

分析対象となる「小魚くんシリーズ」のスナック菓子

- ・定番味
- ・こだわり味
- ・ピリ辛味
- ・激辛味
- ・しびれ味
- ・クリスマス限定

　データの抽出方法は、1-1 節の**手順❷**を参照してください。このように して抽出した「小魚くんシリーズ」のスナック菓子 6 種類の週次集計 POS データが、本章で使用するデータ（以後、**小魚くんシリーズ週次 データ**）です。

　「小魚くんシリーズ週次データ」には、2023 年 10 月 30 日週から 2024 年 1 月 29 日週までの、3 ヵ月分の週次集計 POS データが収録されてい ます。ただし、「しびれ味」については 2023 年 12 月 4 日週から発売さ れたため、2023 年 12 月 4 日週以降のデータが入っています（図 6-1）。

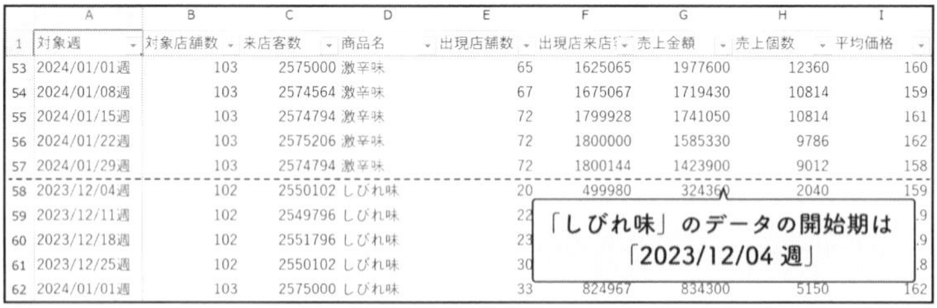

	A	B	C	D	E	F	G	H	I
1	対象週	対象店舗数	来店客数	商品名	出現店舗数	出現店来店	売上金額	売上個数	平均価格
53	2024/01/01週	103	2575000	激辛味	65	1625065	1977600	12360	160
54	2024/01/08週	103	2574564	激辛味	67	1675067	1719430	10814	159
55	2024/01/15週	103	2574794	激辛味	72	1799928	1741050	10814	161
56	2024/01/22週	103	2575206	激辛味	72	1800000	1585330	9786	162
57	2024/01/29週	103	2574794	激辛味	72	1800144	1423900	9012	158
58	2023/12/04週	102	2550102	しびれ味	20	499980	324360	2040	159
59	2023/12/11週	102	2549796	しびれ味	22				9
60	2023/12/18週	102	2551796	しびれ味	23				9
61	2023/12/25週	102	2550102	しびれ味	30				8
62	2024/01/01週	103	2575000	しびれ味	33	824967	834300	5150	162

（行 59〜61 の F・G・H 列にかかる吹き出し）
「しびれ味」のデータの開始期は 「2023/12/04 週」

図 6-1　本章で使用する「小魚くんシリーズ週次データ」

　週次集計 POS データには多数の項目が含まれていますが、「小魚くん シリーズ週次データ」では、よく登場する主要な項目のみを取り上げま す。本章で取り扱う項目を表 6-1 に示します。

表 6-1 「小魚くんシリーズ週次データ」の項目定義

項目	定義
対象週	データの対象週（週次・月曜始まり）
対象店舗数	対象期間の集計した店舗数
来店客数	対象店舗でのレシート枚数の総合計
商品名	商品名
出現店舗数	対象期間内に販売実績のある店舗数合計
出現店来店客数	対象期間内に販売実績のある店舗の来店客数合計
売上金額	対象店舗・期間での販売金額合計
売上個数	対象店舗・期間での販売個数合計
平均価格	対象店舗・期間での販売金額合計÷対象店舗・期間での販売個数合計

・**対象店舗数**

対象期間の週における集計対象店舗数です。新しい店舗がオープン
すれば増えますし、閉店すれば減ります。

・**来店客数**

集計対象店舗でのレシート枚数の総合計です。たとえば、1人の顧
客がサンドイッチとおにぎりをレジで購入したあと、店内を出る前
に「飲み物を買うのを忘れていた」と気づき、すぐにペットボトル
のお茶を持って再度レジを通った場合、レジを2回通っているた
めレシート数は2枚となり、来店客数も2人とカウントされます。

・**出現店舗数**

集計対象期間内にその商品の販売実績のある店舗の数です。たとえ
ば、A店・B店・C店・D店の4店舗がデータの集計対象店舗だっ
たとします（「対象店舗数」は4店舗となります）。そのうち、A
店・B店・C店では集計対象期間中に対象の商品の販売実績があり
ましたが、D店ではその商品の販売実績がなかった場合、「出現店
舗数」はA店・B店・C店の3店舗となります。なお、ここでの
「販売実績がある」とは、その商品を購入した人がいる、つまりそ
の商品情報が記載されているレシートが存在するということです。
もし対象商品が店舗の棚に陳列されていても、集計対象期間中に誰

6-1　店頭カバー率から多くの店が扱っている商品を見つけ出す　│　183

もその商品を購入しなかった場合、出現店舗としてはカウントされません。

・**出現店来店客数**

その商品の出現店舗の来店客数の合計です。つまり、A店・B店・C店の3店舗の来店客数の合計となります。なお、ここでも来店客数はレシート枚数の合計を意味します。週次集計POSデータを分析する際は、対象店舗数をベースとする場合（6-2節参照）と出現店舗数をベースとする場合（6-3節参照）があります。

手順❷ 店頭カバー率を用いて流通力の高い商品を見つける

それでは、「小魚くんシリーズ週次データ」を使って、市場での各商品の売上動向について分析していきましょう。まずは**店頭カバー率**を算出します。店頭カバー率とは、対象商品がどのくらいの店舗で販売実績があるかを表す指標です。

さきほど述べたように、集計対象となる全店舗で対象商品が売れているわけではありません。店頭カバー率が高い商品は、多くの店舗で売れており、流通力の高い商品であるといえます。

店頭カバー率の求めかたは、以下のとおりです。

店頭カバー率（%）

出現店舗数（店舗）÷ 対象店舗数（店舗）× 100

たとえば、A店・B店・C店・D店の4店舗のうち、A店・B店・C店の3店舗で対象商品の販売実績があった場合、カバー率は3÷4×100＝75%になります。

上の計算式を使って、「小魚くんシリーズ週次データ」の「平均価格」の隣列に、「店頭カバー率」の列を作成しましょう。

店頭カバー率を算出する

手順① J1 セルに「店頭カバー率」と入力する

手順② J2 セルに「＝E2/B2*100」と入力する

手順③ J2 セルからオートフィルで J80 セルまで埋める

図 6-2 は、J 列に店頭カバー率の列を作った状態です。

	A	F	G	H	I	J
J2				fx	=E2/B2*100	
1	対象週	出現店来店	売上金額	売上個数	平均価格	店頭カバー率
2	2023/10/30週	2000080	2065350	13770	150	78.43137255
3	2023/11/06週	2025081	1988920.44	13475	147.6	79.41176471
4	2023/11/13週	2024919	2027100	13515	150	79.41176471
5	2023/11/20週	2025081	1936000	1284	オートフィルで	79.41176471
6	2023/11/27週	2025000	2040620	1351	下まで埋める	79.41176471
7	2023/12/04週	1999920	1947770	12730	153	78.43137255
8	2023/12/11週	1999920	2009630	13474	149.1	78.43137255

図 6-2　Excel を使った店頭カバー率の算出例

「定番味」は、店頭カバー率が 80% 近くあることがわかります。つまり、おおよそ 5 店舗のうち 4 店舗では「定番味」が販売されていることになります。

Column 10
セルの表示形式をパーセンテージ形式に変更する

Excel でパーセンテージを示す際は、図 6-2 のように計算式で「*100」をするのではなく、「セルの書式設定」を使って小数点による表示をパーセンテージによる表示に変更することも可能です。参考情報として、「セルの書式設定」を使う方法を紹介します。

6-1　店頭カバー率から多くの店が扱っている商品を見つけ出す　｜　185

セルの書式設定でパーセンテージ表記にする

手順① J2 セルを選択して右クリックし、「セルの書式設定」を選択する

手順②「表示形式」タブを開き、「分類」から「パーセンテージ」を選択する

手順③「小数点以下の桁数」を指定し、「OK」をクリックする

次に、ピボットテーブルを使い、商品ごとの店頭カバー率の推移を示す表を作成してみましょう。今回は、列方向に商品、行方向に対象週を示す店頭カバー率の表を作成したいので、「列」に「商品名」、「行」に「対象週」、「値」に「店頭カバー率」を入れます。

ピボットテーブルを作成すると、自動的に行の総計と列の総計が表示されます。6 種類のスナック菓子のその週の店頭カバー率の合計や、ある特定のスナック菓子の期間中の店頭カバー率の合計を出す意味はないので、行の総計と列の総計を削除しましょう。ピボットテーブル上で右クリックし、「ピボットテーブルオプション」を開きます。「集計とフィルター」タブを開き、「総計」欄の「行の総計を表示する」と「列の総計を表示する」のチェックを外して「OK」ボタンをクリックすると、行の総計と列の総計の表示が消えます。

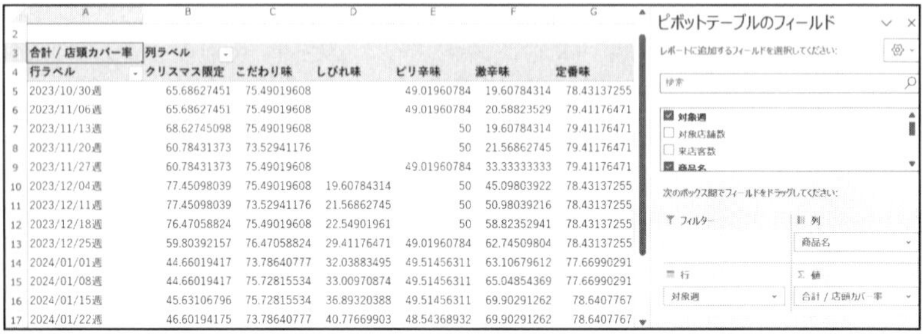

合計 / 店頭カバー率	列ラベル					
行ラベル	クリスマス限定	こだわり味	しびれ味	ピリ辛味	激辛味	定番味
2023/10/30週	65.68627451	75.49019608		49.01960784	19.60784314	78.43137255
2023/11/06週	65.68627451	75.49019608		49.01960784	20.58823529	79.41176471
2023/11/13週	68.62745098	75.49019608		50	19.60784314	79.41176471
2023/11/20週	60.78431373	73.52941176		50	21.56862745	79.41176471
2023/11/27週	60.78431373	75.49019608		49.01960784	33.33333333	79.41176471
2023/12/04週	77.45098039	75.49019608	19.60784314	50	45.09803922	78.43137255
2023/12/11週	77.45098039	73.52941176	21.56862745	50	50.98039216	78.43137255
2023/12/18週	76.47058824	75.49019608	22.54901961	50	58.82352941	78.43137255
2023/12/25週	59.80392157	76.47058824	29.41176471	49.01960784	62.74509804	78.43137255
2024/01/01週	44.66019417	73.78640777	32.03883495	49.51456311	63.10679612	77.66990291
2024/01/08週	44.66019417	75.72815534	33.00970874	49.51456311	65.04854369	77.66990291
2024/01/15週	45.63106796	75.72815534	36.89320388	49.51456311	69.90291262	78.6407767
2024/01/22週	46.60194175	73.78640777	40.77669903	48.54368932	69.90291262	78.6407767

図 6-3　ピボットテーブルを使った店頭カバー率の集計表

これまでと同じように、この表は別のシートに「値の貼り付け」して

おきましょう。このまま作業を進めてもよいのですが、小数点以下の桁数が長くなっており、少し見づらいようです。そのため小数点以下2桁までの表示にしましょう。

小数点以下の表示を2桁までにする

手順① 小数点以下2桁まで表示したい値をすべて選択する
手順② 「ホーム」タブ→「数値」グループ→数値の書式設定のすべてのオプションを表示させる
手順③ 「表示形式」タブの「分類」から「数値」を選択する
手順④ 「小数点以下の桁数」を「2」に指定し、「OK」をクリックする

図6-4 小数点以下の桁数を変更する

　以上の処理を行ってできた表が、次ページの表6-2です。
　次に、6種類のスナック菓子の店頭カバー率の推移を示すグラフを作成しましょう。今回は時系列による変化を表したいので、折れ線グラフを使います。図6-5は表6-2をマーカー付き折れ線グラフにしたのち、編集（グラフタイトルの削除、軸ラベルの追加）をしたものです。

6-1　店頭カバー率から多くの店が扱っている商品を見つけ出す　187

表 6-2　6種類のスナック菓子の店頭カバー率の推移

	クリスマス限定	こだわり味	しびれ味	ピリ辛味	激辛味	定番味
2023/10/30 週	65.69	75.49		49.02	19.61	78.43
2023/11/06 週	65.69	75.49		49.02	20.59	79.41
2023/11/13 週	68.63	75.49		50.00	19.61	79.41
2023/11/20 週	60.78	73.53		50.00	21.57	79.41
2023/11/27 週	60.78	75.49		49.02	33.33	79.41
2023/12/04 週	77.45	75.49	19.61	50.00	45.10	78.43
2023/12/11 週	77.45	73.53	21.57	50.00	50.98	78.43
2023/12/18 週	76.47	75.49	22.55	50.00	58.82	78.43
2023/12/25 週	59.80	76.47	29.41	49.02	62.75	78.43
2024/01/01 週	44.66	73.79	32.04	49.51	63.11	77.67
2024/01/08 週	44.66	75.73	33.01	49.51	65.05	77.67
2024/01/15 週	45.63	75.73	36.89	49.51	69.90	78.64
2024/01/22 週	46.60	73.79	40.78	48.54	69.90	78.64
2024/01/29 週	48.54	75.73	43.69	48.54	69.90	78.64

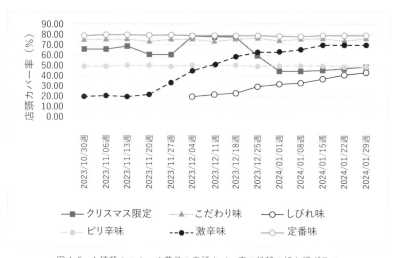

図 6-5　6種類のスナック菓子の店頭カバー率の推移の折れ線グラフ

図6-5を見ると、「定番味」と「こだわり味」は75%～80%の間を安定的に推移しており、市場でよく流通している商品であることがわかります。一方で「ピリ辛味」は50%程度であり、「定番味」や「こだわり味」と比較すると、店頭で見かけづらい商品となります。

　「クリスマス限定」は、2023年12月4日週から2023年12月18日週のクリスマス前は「定番味」や「こだわり味」と並んでいますが、クリスマス以降1月に入るとガクンと下がっており、クリスマスが終わると多くの店舗で買われなくなったことがわかります。

　「激辛味」は、11月は20%前後で留まっていましたが、2023年11月27日週から徐々に店頭カバー率が上昇し、2024年1月15日週では70%近くまで上がっています。11月までは5店舗のうち1店舗程度でしか販売がなかった商品ですが、1月になると10店舗のうち7店舗で販売実績が出てきました。本章冒頭のマーケティング部の会話で、「激辛味は、以前はあまり店頭に並んでいなかったけれど、だんだん見かけるようになった」という趣旨の発言がありますが、まさに店頭カバー率の推移と合致しています。

　「しびれ味」は2023年12月4日週から発売されたため、それより前のデータはありません。発売開始から徐々に店頭カバー率が上がっています。

6-2 対象店舗数ベースの PI 値から 売れている商品を見つけ出す

　前節の分析で、多くの店で売られている商品がわかりました。次に、たくさん売れている商品を調べてみましょう。売上個数や金額が多い商品を調べるには、**対象店舗数ベースの PI 値**という指標を使います。

手順❶ 対象店舗における数量 PI を調べる

　週次集計 POS データの分析でよく使われるのが **PI 値**です。PI 値は **Purchase Index** の略で、レジを通過した 1,000 人あたりの来店客数に対して、その商品がどのくらい売れたかを示す指標です。繰り返しになりますが、来店客数はレシート枚数の合計を意味します。

　来店客数 1,000 人あたりの売上個数を**数量 PI** といい、以下の手順で求められます。

数量 PI
売上個数（個）÷ 来店客数（人）× 1,000（人）

　たとえば、データの集計対象店舗が A 店・B 店・C 店・D 店の 4 店舗であり、それぞれの来店客数が 1,000 人・600 人・400 人・500 人の合計 2,500 人で、各店舗における対象商品の売上個数が 10 個・7 個・3 個・0 個で合計 20 個だったとします。この場合、数量 PI は 20÷2,500 ×1,000＝8 となります。つまり、1,000 人の来店客がいれば、その商品が 8 個売れることが見込まれます。

　上の計算式を使って「数量 PI」の列を「店頭カバー率」の隣列に作成しましょう。図 6-6 は、K 列に数量 PI の列を作った状態です。

190

⟪x⟫ 数量 PI を算出する

手順① K1 セルに「数量 PI」と入力する

手順② K2 セルに「＝H2/C2*1000」と入力する

手順③ K2 セルからオートフィルで K80 セルまで埋める

	K2 ⌄ ┆ ✕ ✓ *fx* ⌄	=H2/C2*1000				
	A	G	H	I	J	K
1	対象週 ▾	売上金額 ▾	売上個数 ▾	平均価格 ▾	店頭カバー率	数量PI
2	2023/10/30週	2065350	13770	150	78.43137255	5.400432035
3	2023/11/06週	1988920.44	13475	147.6	79.41176471	5.284525106
4	2023/11/13週	2027100	13515	150	79.41176471	5.300424034
5	2023/11/20週	1936000	12840	150.8	79.41176471	5.035758197
6	2023/11/27週	2040620	13514	151	79.41176471	5.299819836
7	2023/12/04週	1947770	12730	153	78.43137255	4.991957184
8	2023/12/11週	2009630	13474	149.1	78.43137255	5.284344316

図 6-6　Excel を使った数量 PI の算出例

　次に、ピボットテーブルを使い、商品ごとの数量 PI の推移を示す表を作成してみましょう。さきほどと同じように「列」に「商品名」、「行」に「対象週」を入れます。さて、「値」には「店頭カバー率」を外して「数量 PI」を入れたいのですが、ここでピボットテーブルのフィールドを見ると、「数量 PI」が選択肢にありません。

　ピボットテーブル作成後に元データ（今回の場合は「小魚くんシリーズ週次データ」）にレコードやカラムが追加された場合、ピボットテーブルのもとのデータ範囲を変更する必要が出てきます。

⟪x⟫ ピボットテーブルのもとのデータ範囲を変更する

手順①「ピボットテーブル分析」タブ→「データ」グループ→「データソースの変更」アイコンを選択する

手順②「テーブル／範囲」でデータ範囲を指定し直し、「OK」をクリック

　これでピボットテーブルのフィールドに「数量 PI」が表示されます。

6-2　対象店舗数ベースの PI 値から売れている商品を見つけ出す ┃ 191

あらためて、「列」に「商品名」を、「行」に「対象週」を、「値」に「数量PI」を入れます（図6-7）。

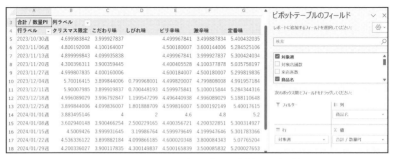

図6-7　ピボットテーブルを使った数量PIの集計表

ピボットテーブルを使った集計表ができたら、さきほどと同様に、必要なデータを別のシートに「値の貼り付け」します。今回も小数点以下の桁数が長いため、小数点以下2桁までの表示にしましょう（表6-3）。

表6-3　6種類のスナック菓子の数量PIの推移

	クリスマス限定	こだわり味	しびれ味	ピリ辛味	激辛味	定番味
2023/10/30 週	4.70	4.00		4.50	3.50	5.40
2023/11/06 週	4.80	4.10		4.50	3.60	5.28
2023/11/13 週	4.90	4.10		4.50	4.00	5.30
2023/11/20 週	4.30	3.90		4.40	4.10	5.04
2023/11/27 週	5.00	4.00		4.60	4.50	5.30
2023/12/04 週	5.70	3.90	0.80	4.50	4.80	4.99
2023/12/11 週	5.90	3.90	0.70	4.60	5.10	5.28
2023/12/18 週	5.00	4.00	1.20	4.50	5.00	5.19
2023/12/25 週	3.90	4.10	1.80	4.60	5.00	5.40
2024/01/01 週	3.88	4.00	2.00	4.60	4.80	5.20
2024/01/08 週	3.60	3.90	2.50	4.40	4.20	5.30
2024/01/15 週	4.50	4.00	3.20	4.60	4.20	5.30
2024/01/22 週	4.54	3.90	4.10	4.60	3.80	5.08
2024/01/29 週	4.20	3.90	4.30	4.50	3.50	5.20

表ができあがったら、さきほどと同様に、数量PIの推移を示す折れ線グラフを作成しましょう（図6-8）。

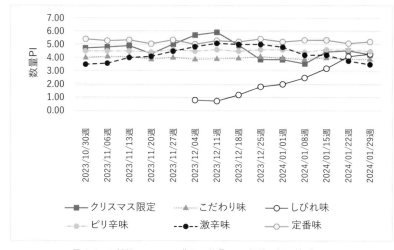

図6-8　6種類のスナック菓子の数量PIの推移の折れ線グラフ

　図6-8に示した折れ線グラフを見ると、「定番味」「こだわり味」「ピリ辛味」は期間中の数量PIに大きな波がなく、一定の個数が常に売れていることがわかります。これらの3つのスナック菓子のなかで、数量PIの大きさに注目すると、値の大きい順に「定番味」「ピリ辛味」「こだわり味」となっています。「定番味」が最も売れており、次に「ピリ辛味」「こだわり味」の順に売れていることがわかります。

　折れ線グラフの波が大きいのが「クリスマス限定」です。2023年12月4日週の数量PIは5.70、2023年12月11日週の数量PIは5.90と、「定番味」の4.99や5.28を上回る値となっています。12月上旬は「定番味」より「クリスマス限定」のほうが売れていますが、2023年12月25日週になると3.90とガクンと落ちています。その後、2024年1月15日週の数量PIは4.50まで戻りました。

　次に「激辛味」です。2023年10月30週の「激辛味」の数量PIは3.50であり、その時点で販売されていた5種類の商品のなかで最も低い

値でした。しかし、徐々に数量 PI の値が高くなっていき、2023 年 12 月 11 日週には 5.10 まで上がり、翌週には「定番味」に次ぐ 2 番手につけました。その後、しばらくは 2 番手をキープしましたが、2024 年 1 月 8 日週から数量 PI の値が少しずつ下がり、2024 年 1 月 29 日週では 3.50 となり、2023 年 10 月 30 日週とほぼ同水準まで落ち込んでいます。店頭カバー率の推移と併せて考えると、「激辛味」は 12 月に人気が出て、多くの店舗の棚に陳列されるようになりましたが、1 月になると人気も下火になってきて、いまだ多くの店舗で販売されているものの、来店客数に対して商品を手に取る人の割合は減ってきているようです。

　一方で「しびれ味」については発売直後の 2023 年 12 月 4 日週、2023 年 12 月 11 日週の数量 PI は 0.80、0.70 と 1 を下回る値でしたが、その後急速に数量 PI の値が上昇しています。店頭カバー率も上昇傾向にあることから、まさに急速に人気に火がついている商品であるといえるでしょう。

手順❷ 対象店舗における金額 PI を調べる

　PI 値には、販売個数ベースの数量 PI のほかに売上金額ベースの**金額 PI** もあります。金額 PI は来店客数 1,000 人あたりの売上金額のことで、以下の式で求めます。たとえば、データの集計対象店舗 A 店・B 店・C 店・D 店の 4 店舗の合計来客数が 2,500 人であり、それぞれの店舗における対象商品の売上金額が 1,000 円・700 円・300 円・0 円で合計 2,000 円だった場合、金額 PI は 2,000 ÷ 2,500 × 1,000 = 800 となります。つまり、1,000 人の来店客がいれば、その商品の 800 円の売り上げが見込まれることになります。

金額 PI
売上金額（円）÷ 来店客数（人）× 1,000（人）

この計算式を使って「金額 PI」の列を「数量 PI」の隣列に作成しましょう。図 6-9 は、L 列に金額 PI の列を作った状態です。

金額 PI を算出する

手順① L1 セルに「金額 PI」と入力する
手順② L2 セルに「＝G2/C2*1000」と入力する
手順③ L2 セルを L80 セルまでコピーする

	A	H	I	J	K	L
1	対象週	売上個数	平均価格	店頭カバー率	数量PI	金額PI
2	2023/10/30週	13770	150	78.43137255	5.400432035	810.0059769
3	2023/11/06週	13475	147.6	79.41176471	5.284525106	780
4	2023/11/13週	13515	150	79.41176471	5.300424034	795.0047769
5	2023/11/20週	12840	150.8	79.41176471	5.035758197	759.2856597
6	2023/11/27週	13514	151	79.41176471	5.299819836	800.2751483
7	2023/12/04週	12730	153	78.43137255	4.991957184	763.8008205
8	2023/12/11週	13474	149.1	78.43137255	5.284344316	788.1532483

図 6-9　Excel を使った金額 PI の算出例

次に、ピボットテーブルを使い、商品ごとの金額 PI の推移を示す表を作成してみましょう。ピボットテーブルのもとのデータ範囲を変更し、L 列にある「金額 PI」のデータを含めるようにします。ピボットテーブルのフィールドを開いたら、「列」に「商品名」、「行」に「対象週」、「値」に「金額 PI」を入れます（図 6-10）。

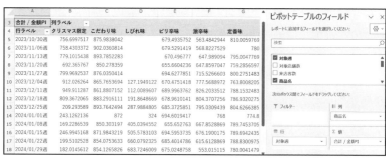

図 6-10　ピボットテーブルを使った数量 PI の集計表

集計表ができたら、さきほどと同様に、必要なデータを別のシートに「値の貼り付け」しておきます。今回も小数点以下の桁数が長いため、小数点以下2桁までの表示にしましょう（表6-4）。

表6-4　6種類のスナック菓子の金額PIの推移

	クリスマス限定	こだわり味	しびれ味	ピリ辛味	激辛味	定番味
2023/10/30 週	756.70	875.98		679.49	563.48	810.01
2023/11/06 週	758.43	902.04		679.53	568.82	780.00
2023/11/13 週	779.10	893.79		670.50	647.99	795.00
2023/11/20 週	692.37	850.28		655.66	647.86	759.29
2023/11/27 週	799.97	876.04		694.63	715.53	800.28
2023/12/04 週	912.03	865.77	127.19	670.48	777.57	763.80
2023/12/11 週	949.91	861.88	112.01	690.00	826.20	788.15
2023/12/18 週	809.37	883.29	191.86	678.96	804.37	786.93
2023/12/25 週	209.29	893.76	287.99	685.37	795.03	804.63
2024/01/01 週	243.13	872.00	324.00	694.60	768.00	774.80
2024/01/08 週	169.23	850.30	405.04	655.65	667.85	789.75
2024/01/15 週	246.99	871.98	505.58	694.60	676.19	789.69
2024/01/22 週	199.51	854.08	660.08	685.40	615.61	788.83
2024/01/29 週	182.01	854.13	683.72	675.02	553.02	780.00

表ができあがったら、さきほどと同様に、金額PIの推移を示す折れ線グラフを作成しましょう（図6-11）。

図6-11の折れ線グラフを見ると、数量PIと同じく、「定番味」「こだわり味」「ピリ辛味」は期間中の金額PIに大きな波がなく、一定の売り上げがあることがわかります。しかし、金額PIの大きさに注目すると、値の大きい順に「こだわり味」「定番味」「ピリ辛味」となっています。数量PIは「定番味」「ピリ辛味」「こだわり味」の順でした。つまり、「こだわり味」は来店客数1,000人あたりの売上個数は「定番味」よりも少ないものの、来店客数1,000人あたりの売上金額は「定番味」よりも大きいことになります。

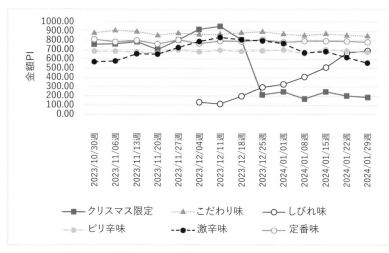

図 6-11　6 種類のスナック菓子の金額 PI の推移の折れ線グラフ

　数量 PI が「その商品がどのくらい頻繁に購買されているか」を示すのに対し、金額 PI は「その商品の売上高に対する影響の大きさ」を示しており、一般的に単価の高い商品は金額 PI が高くなる傾向があります。データファイルの「平均価格」を確認すると、「定番味」が 150 円程度で販売されているのに対して、「こだわり味」は 220 円程度で販売されています。この違いが金額 PI に表れています。

　次に「クリスマス限定」に注目しましょう。クリスマス限定の金額 PI は 2023 年 11 月 20 日週から 2023 年 12 月 11 日週にかけて上昇したあと、2023 年 12 月 25 日週にガクンと落ちています。2023 年 12 月 11 日週の金額 PI は 949.41 であり、6 商品のなかでトップの金額 PI でした。しかし、その翌々週の 2023 年 12 月 25 日週の金額 PI は、なんと 209.29 です。その後、200 円前後をさまよっています。

「クリスマス限定」の金額 PI の推移を、数量 PI と併せて見てみましょう。数量 PI も金額 PI の推移と同じく、2023 年 12 月 25 日週以降、値は小さくなりましたが、それでも 2023 年 11 月の水準を保っています。ところが、金額 PI はいちじるしく下がったままとなっています。データファイルの「平均価格」を見ると、クリスマス前までは 160 円程度で販売されていた「クリスマス限定」ですが、クリスマス以降はその半額以下で販売されています。クリスマスを過ぎ、もう売れないと見切りがつけられ、大幅割引セールに出されたようです。その結果、一定の売上個数はあるものの、売上金額は伸びないというパターンになっています。

「激辛味」の金額 PI は、数量 PI と同じ動きを示しています。2023 年 10 月 30 週の「激辛味」の金額 PI は 563.48 であり、その時点で販売されていた 5 種類の商品のなかで最も低い値でしたが、徐々に金額 PI の値が高くなっていき、2023 年 12 月 11 日週には 826.20 まで上がりました。しかし、2024 年 1 月 1 日週から少しずつ下がっていき、2024 年 1 月 29 日週には 2023 年 10 月 30 週とほぼ同水準となっています。さきほど考察したように、「激辛味」は 1 月になると人気が下火になってきて、多くの店舗で見かけるもの、来店客数に対する売り上げは落ち着いてきているようです。ただし「クリスマス限定」のような叩き売りの状況にはなっていません。

「しびれ味」については発売直後の 2023 年 12 月 4 日週、2023 年 12 月 11 日週の金額 PI は 127.19、112.01 とほかの 5 商品と比較していちじるしく低い水準でしたが、その後急速に金額 PI の値が上昇しています。店頭カバー率、数量 PI も上昇傾向にあることから、やはり人気に火がついている商品であるといえるでしょう。

6-3 出現店舗数ベースの PI 値から 隠れヒット商品を見つけ出す

　前節の分析で、たくさん売れている商品がわかりました。一般的に多くの店舗で販売されている商品はたくさん売れる傾向があります。しかし、なかにはあまり多くの店舗では販売されていないけれども、売れる店舗では売れているという隠れヒット商品があります。そのような隠れヒット書品を探すためには、**出現店舗数ベースの PI 値**という指標を使います。

手順❶ 出現店舗における数量 PI と金額 PI を調べる

　前節では対象店舗数ベースの数量 PI と金額 PI を算出しました。一般的に多くの店舗で販売されている商品、つまり店頭カバー率の高い商品は、多くの顧客の目に触れるので、たくさん売れる傾向があります。しかし、なかには販売されている店舗数は多くないものの、売れる店舗ではよく売れているという商品もあります。たとえば新商品の場合、「販売開始時は置いてある店舗が少なかったものの、置いてある店舗ではよく売れたことにより人気に火がつき、多くの店舗で販売されるようになる」というケースがあります。このような隠れヒット商品を探し出したいときに有用なのが、出現店舗数をベースとする分析です。

　出現店舗とは、集計対象期間内にその商品の販売実績のある店舗のことを指します。出現店舗における来店客数 1,000 人あたりの売上個数を**出現店・数量 PI**、売上金額を**出現店・金額 PI** といいます。出現店・数量 PI と出現店・金額 PI の求めかたは以下のとおりです。

出現店・数量PI

売上個数（個）÷ 出現店来店客数（人）× 1,000（人）

出現店・金額PI

売上金額（円）÷ 出現店来店客数（人）× 1,000（人）

　たとえば、データの集計対象店舗がA店・B店・C店・D店の4店舗であり、それぞれの来店客数が1,000人・600人・400人・500人であり、それぞれの店舗における対象商品の販売個数と販売金額が「10個・1,000円」「7個・700円」「3個・300円」「販売実績なし」だったとします。この場合、来店客数と出現来店客数は、図6-12のように考えます。

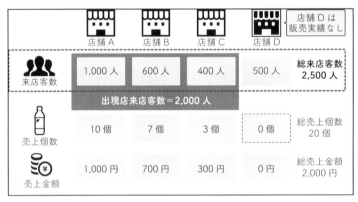

図6-12　来店客数と出現店来店客数の考えかた

　図6-12をもとに、数量PI、出現店・数量PI、金額PI、出現店・金額PIを算出すると、表6-5のようになります。

表 6-5　各指標の算出

指標	式と解	
数量 PI	$20 \div 2,500 \times 1,000 =$	8
出現店・数量 PI	$20 \div 2,000 \times 1,000 =$	10
金額 PI	$2,000 \div 2,500 \times 1,000 =$	800
出現店・金額 PI	$2,000 \div 2,000 \times 1,000 =$	**1,000**

　さきほど示した計算式を使って「出現店・数量 PI」と「出現店・金額 PI」の列を「金額 PI」の隣列に作成しましょう。

⊞ 出現店・数量 PI と出現店・金額 PI を算出する

手順① M1 セルに「出現店・数量 PI」と入力する

手順② M2 セルに「＝H2/F2*1000」と入力する（図 6-13）

手順③ M2 セルを M80 セルまでコピーする

手順④ N1 セルに「出現店・金額 PI」と入力する

手順⑤ N2 セルに「＝G2/F2*1000」と入力する

手順⑥ N2 セルを M80 セルまでコピーする

	M2	✓ : × ✓ fx ✓	=H2/F2*1000			
	A	J	K	L	M	N
1	対象週	店頭カバー率	数量PI	金額PI	出現店・数量PI	出現店・金額PI
2	2023/10/30週	78.43137255	5.400432035	810.0059769	6.884724611	1032.633695
3	2023/11/06週	79.41176471	5.284525106	780	=H2/F2*1000	982.1436476
4	2023/11/13週	79.41176471	5.300424034	795.0047769		1001.07708
5	2023/11/20週	79.41176471	5.035758197	759.2856597	6.340487121	956.0111423
6	2023/11/27週	79.41176471	5.299819836	800.2751483	6.673580247	1007.71358
7	2023/12/04週	78.43137255	4.991957184	763.8008205	6.36525461	973.923957
8	2023/12/11週	78.43137255	5.284344316	788.1532483	6.737269491	1004.855194

図 6-13　Excel を使った出現店・数量 PI と出現店・金額 PI の算出例

　次に、ピボットテーブルを使い、商品ごとの出現店・数量 PI と出現店・金額 PI の推移を示す表を作成してみましょう。ピボットテーブルのもとのデータ範囲を変更し、「出現店・数量 PI」「出現店・金額 PI」のデータを含めるようにします。

6-3　出現店舗数ベースの PI 値から隠れヒット商品を見つけ出す　｜　201

まず、「出現店・数量 PI」の表を作成します。「列」に「商品名」、「行」に「対象週」、「値」に「出現店・数量 PI」を入れます（図6-14）。集計表ができたら別のシートに「値の貼り付け」し、小数点以下 2 桁までの表示にしましょう（表6-6）。表ができあがったら、さきほどと同様に、出現店・数量 PI の推移を示す折れ線グラフを作成します（図6-15）。

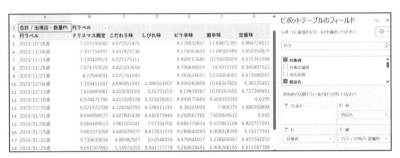

図 6-14　ピボットテーブルを使った出現店・数量 PI の集計表

表 6-6　6 種類のスナック菓子の出現店・数量 PI の推移

	クリスマス限定	こだわり味	しびれ味	ピリ辛味	激辛味	定番味
2023/10/30 週	7.16	4.08		9.18	17.85	6.88
2023/11/06 週	7.31	4.94		9.18	17.49	6.65
2023/11/13 週	7.14	4.53		9.00	20.40	6.67
2023/11/20 週	7.07	4.82		8.80	19.01	6.34
2023/11/27 週	8.23	4.08		9.38	13.50	6.67
2023/12/04 週	7.36	4.70	4.08	9.00	10.64	6.37
2023/12/11 週	7.62	4.42	3.25	9.20	10.00	6.74
2023/12/18 週	6.54	4.42	5.32	9.00	8.50	6.62
2023/12/25 週	6.52	4.12	6.13	9.38	7.97	6.89
2024/01/01 週	8.69	4.93	6.24	9.29	7.61	6.70
2024/01/08 週	8.07	3.96	7.57	8.88	6.46	6.82
2024/01/15 週	9.86	4.40	8.67	9.29	6.01	6.74
2024/01/22 週	9.73	4.07	10.05	9.48	5.44	6.46
2024/01/29 週	8.65	5.15	9.84	9.27	5.01	6.61

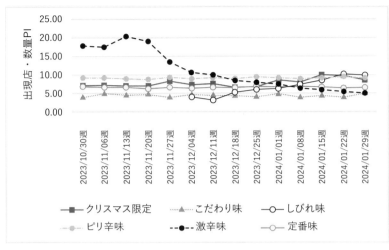

図 6-15　6 種類のスナック菓子の出現店・数量 PI の推移の折れ線グラフ

続いて、「出現店・金額 PI」の表を作成します。「列」に「商品名」、「行」に「対象週」、「値」に「出現店・金額 PI」を入れます（図 6-16）。

図 6-16　ピボットテーブルを使った出現店・金額 PI の集計表

集計表ができたら、別のシートに「値の貼り付け」し、小数点以下 2 桁までの表示にしましょう（表 6-7）。表ができあがったら、さきほどと同様に、出現店・金額 PI の推移を示す折れ線グラフを作成します（図 6-17）。

6-3　出現店舗数ベースの PI 値から隠れヒット商品を見つけ出す　203

表 6-7　6種類のスナック菓子の出現店・金額PIの推移

	クリスマス限定	こだわり味	しびれ味	ピリ辛味	激辛味	定番味
2023/10/30 週	1151.99	892.54		1386.00	2873.65	1032.63
2023/11/06 週	1154.63	1086.32		1386.07	2762.63	982.14
2023/11/13 週	1135.17	986.49		1340.89	3304.22	1001.08
2023/11/20 週	1139.04	1051.24		1311.15	3003.20	956.01
2023/11/27 週	1316.08	892.59		1416.93	2146.58	1007.71
2023/12/04 週	1177.51	1042.72	648.75	1340.90	1724.24	973.92
2023/12/11 週	1226.27	976.64	519.31	1379.94	1620.44	1004.86
2023/12/18 週	1059.23	975.79	851.48	1358.93	1368.39	1004.05
2023/12/25 週	349.99	899.09	979.24	1398.10	1267.13	1026.02
2024/01/01 週	544.35	1074.27	1011.31	1402.88	1216.94	997.56
2024/01/08 週	378.88	863.50	1226.92	1323.83	1026.48	1016.58
2024/01/15 週	541.26	959.40	1370.27	1402.64	967.29	1004.18
2024/01/22 週	428.13	890.42	1618.83	1411.93	880.74	1003.20
2024/01/29 週	374.89	1127.79	1564.84	1390.33	790.99	991.74

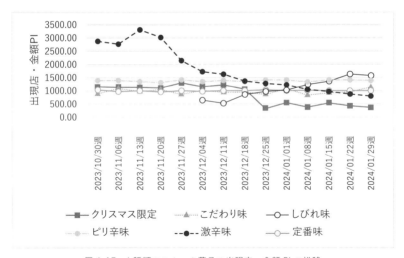

図 6-17　6種類のスナック菓子の出現店・金額PIの推移

204

出現店・数量 PI と出現店・金額 PI の図を、それぞれ見ていきましょう。出現店・数量 PI の図 6-15 を見ると、数量 PI と同じく、「定番味」「こだわり味」「ピリ辛味」は期間中に大きな変動がありません。しかし、出現店・数量 PI の大きさに注目すると、値の大きい順に「ピリ辛味」「定番味」「こだわり味」となっています。数量 PI は「定番味」「ピリ辛味」「こだわり味」の順でしたが、出現店・数量 PI では「ピリ辛味」が「定番味」を上回っています。

　「ピリ辛味」の店頭カバー率は 50% 程度、一方「定番味」の店頭カバー率は 80% 近くありました。「定番味」はほとんどの店舗で販売されていますが、「ピリ辛味」は 2 店舗のうち 1 店舗でしか販売されていません。そのため、対象店舗全体で見ると「定番味」のほうがよく売れていますし、数量 PI と出現店・数量 PI にそれほど差はなく、1,000 人の来店客数がいれば、5〜6 個程度の「定番味」が売れることが予想されます。一方で、「ピリ辛味」は出現店・数量 PI は数量 PI の約 2 倍です。「ピリ辛味」が販売されている店舗はかぎられるため、対象店舗全体で見ると、1,000 人の来店客あたり 4〜5 個程度の売り上げです。しかし「ピリ辛味」の取り扱いがある店舗に絞ってみると、1,000 人の来店客あたり 9 個程度の売り上げが見込めることになります。図 6-17 の出現店・金額 PI でも同様の傾向が見られ、「定番味」を取り扱っている店舗では、1,000 人の来店客あたり「定番味」の売上金額は 1,000 円前後なのに対し、「ピリ辛味」は 1,400 円前後になっています。つまり、「ピリ辛味」が置いてある店舗では「ピリ辛味」は売れ筋商品であることがわかります。

　「激辛味」にも注目してみましょう。数量 PI、金額 PI の分析から、「激辛味」は 1 月になると人気が下火になることがわかっています。しかし、2023 年 11 月の「激辛味」の出現店・数量 PI、出現店・金額 PI に注目すると、ほかの 5 つの商品と比べ、非常に高い水準にあったことがわかります。2023 年 11 月の「激辛味」の店頭カバー率は 20% 前後と低く、「激辛味」を取り扱っている店舗は 5 軒のうち 1 軒でした。しかし、「激辛味」の販売実績がある 5 軒に 1 軒では、「激辛味」は非常によく買われていたことがわかります。そこで噂になり、12 月に入ってから多くの店舗で購買されるようになったのだと推測できるでしょう。

手順❷ これまでの分析結果をまとめる

　さて、ここまでで「小魚くんシリーズ」のスナック菓子6種類（「定番味」「こだわり味」「ピリ辛味」「激辛味」「しびれ味」「クリスマス限定」）の店頭カバー率、数量PI、金額PI、出現店・数量PI、出現店・金額PIを算出してきました。これらの指標を見ることで、表6-8のような各商品の売れ行き状況の特徴が見えてきました。

表6-8　分析結果のまとめ

商品	特徴
定番味	店頭カバー率が高く、8割近い店舗で販売実績がある。安定的に売れている名前のとおりの定番商品
こだわり味	定番味と同じく、店頭カバー率が高い。数量PIでは定番味より低いが、金額PIは高く、本ラインナップのなかでは高価格帯
ピリ辛味	店頭カバー率は5割程度であり、どの店舗でも販売実績がある商品ではないが、その商品が販売されている店舗ではよく売れている隠れ人気商品
激辛味	11月の時点では店頭カバー率は2割程度で、見つけるのが大変な商品であったが、人気が出て、12月以降多くの店舗で販売されるようになった
しびれ味	12月に発売され、店頭カバー率はほかの商品よりも低い。だんだん人気が出てきて、数量PI、金額PIがぐんぐんと上がってきている期待の新人的商品
クリスマス限定	クリスマス前までは売れていたが、クリスマスを過ぎてからは値崩れを起こし、叩き売りされつつある

6-4 報告用の資料を作成する

　最後に報告用に資料を作成します。6-1 節から 6-3 節までの手順により、現在、以下の表とグラフが手元にあります。

　・商品ごとの店頭カバー率とその推移（表 6-2・図 6-5）
　・商品ごとの数量 PI とその推移（表 6-3・図 6-8）
　・商品ごとの金額 PI とその推移（表 6-4・図 6-11）
　・商品ごとの出現店・数量 PI とその推移（表 6-6・図 6-15）
　・商品ごとの出現店・金額 PI とその推移（表 6-7・図 6-17）

　部長からの依頼は「他店でどの商品が売れているかリサーチして、仕入れる種類を提案する」ことでした。この観点でスライドをまとめていきます。なお、前章同様、スライドにグラフを貼るときに適宜グラフの編集をしています。

　では実際に作成したスライドを確認していきましょう（図 6-18）。

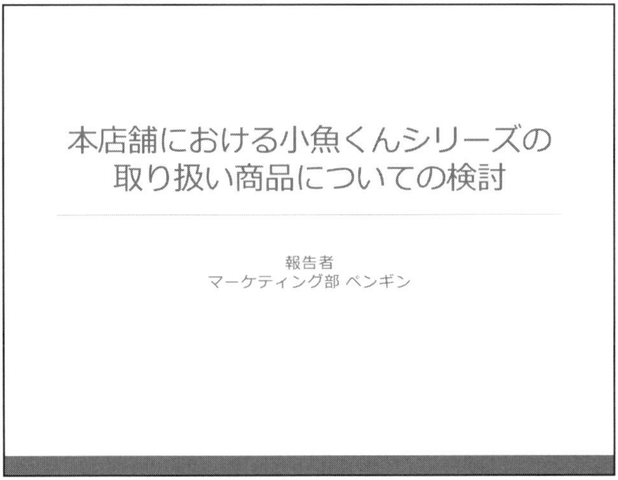

図 6-18　表紙（スライド 1 枚目）

6-4　報告用の資料を作成する　｜　207

図6-19のスライドには、本報告資料の概要、つまり部長からの依頼内容（各商品の売上動向を調べ、本店舗でどの商品を取り扱うのがよいか提案する）と、それに対する結論（最近売り上げをのばしているしびれ味を取り扱うことを提案する）を端的に記載しています。なぜそのような答えに至ったかは次のスライドから説明していきます。また、このスライドには、分析対象としたデータ（系列の約100店舗の週次集計POSデータ（対象期間：2023年10月30日週〜2024年1月29日週））も記載しています。

　なお、今回は「最近売り上げをのばしているしびれ味を取り扱うことを提案する」という結論を提示しましたが、「金額PIが高いこだわり味を提案する」「販売実績のある店舗でよく売れているピリ辛味を提案する」などの結論もありえます。

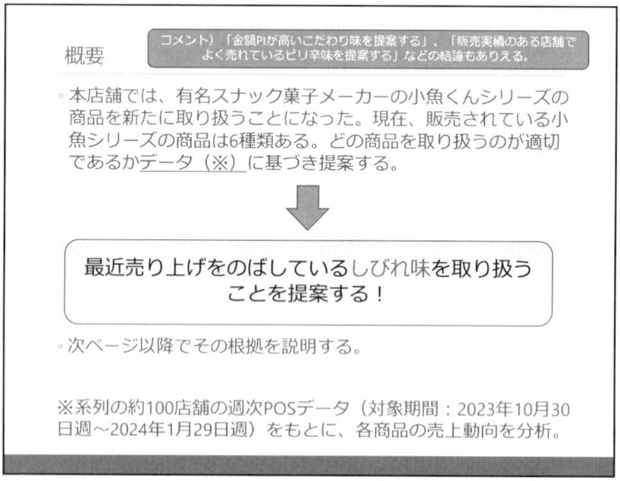

図6-19　本報告書の概要と結論（スライド2枚目）

　図6-20は、店頭カバー率のグラフです。スライドのタイトルは「多くの店舗で取り扱いされている商品（店頭カバー率）」としました。グラフからわかることとして、安定的に店頭カバー率が高い商品と店頭カバー率が最近上がってきている商品についてコメントを記載しました。

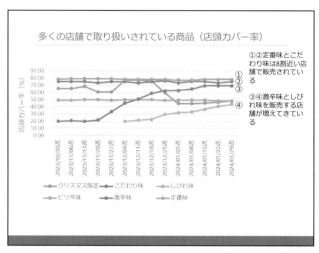

図 6-20　多くの店舗で取り扱いされている商品（スライド 3 枚目）

　図 6-21 は、数量 PI のグラフと出現店・数量 PI のグラフです。スライドタイトルは「売上個数の多い商品（数量 PI と出現店・数量 PI）」としました。グラフからわかることとして、数量 PI は低いものの出現店・数量 PI が高い商品、数量 PI と出現店・数量 PI が最近上がってき

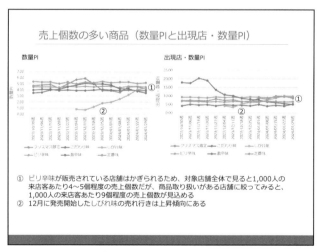

図 6-21　売上個数の多い商品（スライド 4 枚目）

6-4　報告用の資料を作成する　｜　209

6　「売れる商品を狙って入荷しよう！」――店頭カバー率とＰＩ値から売れ筋商品を見つけよう――

ている商品についてコメントを記載しました。

　図6-22は、金額PIのグラフと出現店・金額PIのグラフです。スライドタイトルは「売上金額の大きい商品（金額PIと出現店・金額PI）」としました。グラフからわかることとして、金額PIと出現店・金額PIが高い商品、金額PIと出現店・金額PIが最近上がってきている商品についてコメントを記載しました。

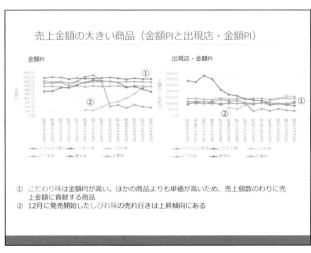

図6-22　売上金額の大きい商品（スライド5枚目）

　図6-23には、今回分析した6種類の商品の総評を掲載し、再び結論を示しました。

　図6-24には、参考資料として、今回扱った週次集計POSデータの各指標がどのように求められるかを示しました。

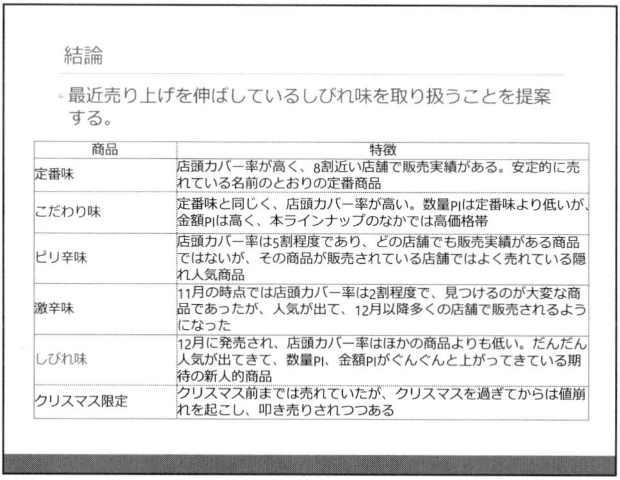

結論

◦ 最近売り上げを伸ばしているしびれ味を取り扱うことを提案する。

商品	特徴
定番味	店頭カバー率が高く、8割近い店舗で販売実績がある。安定的に売れている名前のとおりの定番商品
こだわり味	定番味と同じく、店頭カバー率が高い。数量PIは定番味より低いが、金額PIは高く、本ラインナップのなかでは高価格帯
ピリ辛味	店頭カバー率は5割程度であり、どの店舗でも販売実績がある商品ではないが、その商品が販売されている店舗ではよく売れている隠れ人気商品
激辛味	11月の時点では店頭カバー率は2割程度で、見つけるのが大変な商品であったが、人気が出て、12月以降多くの店舗で販売されるようになった
しびれ味	12月に発売され、店頭カバー率はほかの商品よりも低い。だんだん人気が出てきて、数量PI、金額PIがぐんぐんと上がってきている期待の新人的商品
クリスマス限定	クリスマス前までは売れていたが、クリスマスを過ぎてからは値崩れを起こし、叩き売りされつつある

図 6-23　結論（スライド 6 枚目）

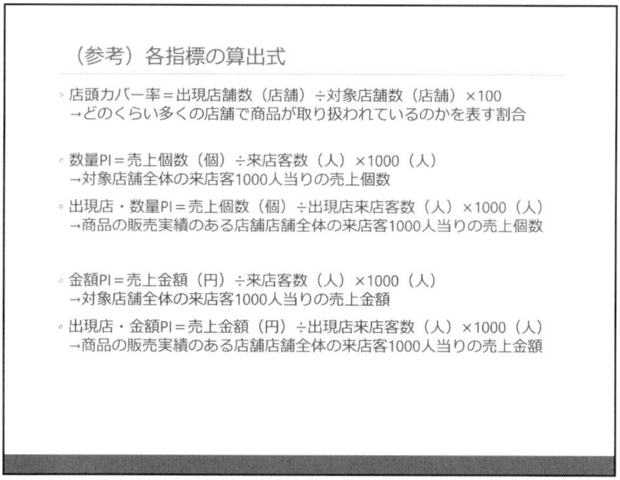

（参考）各指標の算出式

◦ 店頭カバー率＝出現店舗数（店舗）÷対象店舗数（店舗）×100
　→どのくらい多くの店舗で商品が取り扱われているのかを表す割合

◦ 数量PI＝売上個数（個）÷来店客数（人）×1000（人）
　→対象店舗全体の来店客1000人当りの売上個数

◦ 出現店・数量PI＝売上個数（個）÷出現店来店客数（人）×1000（人）
　→商品の販売実績のある店舗店舗全体の来店客1000人当りの売上個数

◦ 金額PI＝売上金額（円）÷来店客数（人）×1000（人）
　→対象店舗全体の来店客1000人当りの売上金額

◦ 出現店・金額PI＝売上金額（円）÷出現店来店客数（人）×1000（人）
　→商品の販売実績のある店舗店舗全体の来店客1000人当りの売上金額

図 6-24　各指標の算出式（スライド 7 枚目）

6-4　報告用の資料を作成する　│　211

まとめ　さまざまな指標を活用して売上アップを目指そう

　この章では、週次集計POSデータを活用して、市場における商品の売れ行き状況を分析してきました。週次集計POSデータの代表的な指標である店頭カバー率、数量PI、金額PI、出現店・数量PI、出現店・金額PIを算出し、表6-8のように分析結果をまとめました。

　これらの分析結果をもとに、南極スーパーでどの商品を取り扱うのがよいか、みなさんも考えてみてください。今回「しびれ味」を提案したのは、販売実績のある店舗はまだ少ないものの、じわじわと店頭カバー率が上がっているからです。それだけでなく、販売実績のある店舗での売れ行きもよく、出現店・数量PI、出現店・金額PIも右肩上がりで、売り上げが急上昇していく兆しが見えています。

　別の観点として、「こだわり味」は数量PIに対して金額PIが高い、高価格路線の商品です。来店客数1人あたりの売り上げへの貢献が高い「こだわり味」を提案する、ということもできるでしょう。

　本章で紹介してきた週次集計のPOSデータの指標（店頭カバー率、数量PI、金額PI、出現店・数量PI、出現店・金額PI）の意味を理解して、その商品の売れ行き状況を分析していくことが重要です。

　各商品の売れ行き状況が見えてきましたね！「しびれ味」は取り扱いがある店舗ではよく売れていますし、うちの店舗でもぜひ取り扱ってもらいたいです。

　そうだね。結果の解釈と合わせて、部長に提案してみようか。

第 7 章

新店舗、うまくいくかな？

－回帰分析で新店舗の売り上げを予測しよう－

7-1　既存のデータから売り上げに関係する要因を抽出する

7-2　相関関係の強い指標間の関係を式で表す

7-3　報告用の資料を作成する

まとめ　立式は難しいけど応用が効く

この章で使うファイル

- chp7.xlsx
- chp7.pptx

この章で分析するデータ

- 2023年11月期データ（chp7.xlsx 内）

みんな、ちょっといいかな？

 なんでしょうか？

 今度、うちの担当エリア内に新規出店の話があってね。

 おお～！

 出店するかどうかは本部が決めるんだけど、どのくらい売り上げが見込めそうか、我々も把握しておきたくて。既存店舗の情報をもとに、概算でいいから見込みを出せないかな？

 概算でよければいけると思います。売り上げに影響しそうなのは、店舗の面積や周辺の人口あたりでしょうか。あとは最寄り駅からの距離とか、駐車場の台数とか。

 競合店舗が近くにあると売り上げが下がりそうですよね。ほかにも売り上げを左右する要因はいろいろありそうです。

 確かにそうだね。影響を与えそうな要因をすべて考えることは難しいから、「強い影響を与えそうなもの」を分析して概算を出してみようか。少し難しいけど、回帰分析を使って「売り上げを予測する式」を作ってみよう。

―― この章の課題 ――

南極スーパーでは、新しい店舗の出店を計画しています。既存店舗の売り上げをはじめとするさまざまな情報から、新規店舗の売り上げを予測することができると、出店すべきかどうか合理的に判断できそうです。
ここでは、**回帰分析**を用いて**既存店舗の売り上げを表す回帰式を作成**し、その式を用いて**新規店舗の売り上げを予測**し、報告用のスライドを作成してください。

7-1 既存のデータから売り上げに関係する要因を抽出する

　新店舗はまだ存在していないので、実際の売り上げがどうなるかはわかりません。とはいえ、既存店舗のデータから推測することは可能です。最初に、既存店舗のデータから「売り上げに関係がありそうな要因」をピックアップして、本当に売り上げと関係があるかどうか確かめていきましょう。

手順❶ 散布図で売り上げと項目の関係性を可視化する

　今回は、POSデータをもとに店舗ごとの2023年11月の月間売上高を算出した、「**2023年11月期データ**」を使用します。南極スーパーは、現在103軒の系列店舗があります。そして、冒頭の会話文にあるように、新規店舗として104軒目を出店するつもりです。表7-1は、「2023年11月期データ」に収録されている項目の定義を説明したものです。

表 7-1　「2023 年 11 月期データ」の項目定義

項目	定義
店舗	店舗の ID。A001〜A103 が既存店舗
店舗面積	単位：m^2
商圏人口	半径 5 km 以内の人口。単位：千人
最寄り駅からの距離	単位：m
駐車場台数	駐車場台数。単位：台
競合店舗数	半径 5 km 以内の競合店舗数。単位：軒
月間売上高	2023 年 11 月の売上高。単位：千円

　「店舗」は各店舗 ID が入力されています。A001 から A103 までの103 軒が既存店舗です。そして、それぞれの店舗の属性情報として「店舗面積」「商圏人口」「最寄り駅からの距離」「駐車場台数」「競合店舗数」の情報が入っています。

7-1　既存のデータから売り上げに関係する要因を抽出する　| 215

商圏とは、その店舗にとって来店を見込める顧客が暮らす範囲のことです。商圏の範囲は対象とする店舗の種類や来店者の移動手段によって異なりますが、今回は車の来店者が15分程度で来られる範囲として半径5km以内を商圏としています。「競合店舗数」についても、商圏内にある競合店舗数としました。最後の「月間売上高」は、POSの売上データをもとに、各店舗の2023年11月の月間売上高を算出しました。

　さて、最初の取っ掛かりとして、新規店舗の売上予測に役立ちそうな「売り上げに関係がありそうな要因」が、「2023年11月期データ」内にありそうか調べてみましょう。

　最初に、「最寄り駅からの距離」と「月間売上高」の関係性を調べてみましょう。2つの項目の関係性を調べるときによく使われるのが、第4章でも登場した散布図です。**散布図**は、2種類の項目を横軸（X軸）と縦軸（Y軸）に設定し、データの当てはまる位置に打点（プロット）したグラフでした。

　それでは、「最寄り駅からの距離」を横軸、「月間売上高」を縦軸とした散布図を作成してみましょう。散布図の作りかたがわからない場合は、4-1節の**手順❸**を参照してください。

　散布図を作ると、図7-1のようになりました。データが右下がりでプ

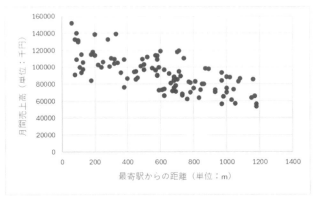

図7-1　「最寄駅からの距離」と「月間売上高」の散布図

ロットされていることがわかります。どうやら、「最寄り駅からの距離」が近いほど、「月間売上高」が大きい傾向がありそうです。

同様の手順で、「店舗面積」「商圏人口」「駐車場台数」「競合店舗数」と月間売上高の関係を示す散布図を作成してみましょう。図7-3の「商圏人口」と「月間売上高」の関係を示す散布図では、やや右上がりの傾向が見えます。つまり、店舗の半径5km以内に住んでいる人が多いほど、月間売上高も大きくなる傾向がありそうです。しかし、「店舗面積（図7-2）」「駐車場台数（図7-4）」「競合店舗数（図7-5）」については、点が図全体にバラついており、右上がりや右下がりのような明確な関連性がなさそうです。

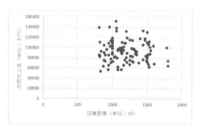

図7-2 「店舗面積」と「月間売上高」の散布図

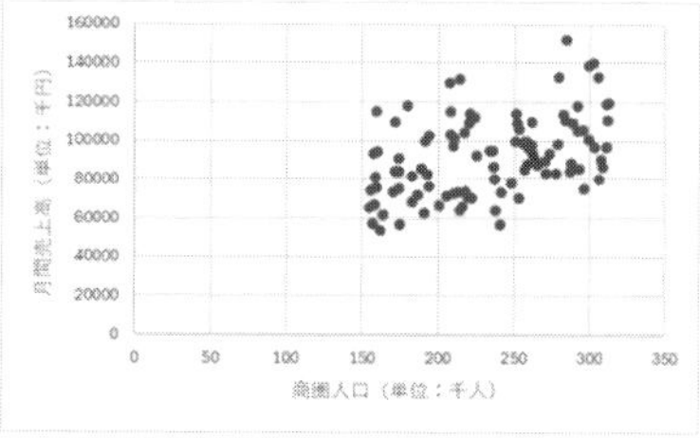

図7-3 「商圏人口」と「月間売上高」の散布図

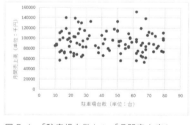
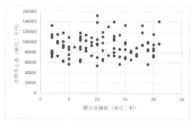

図7-4 「駐車場台数」と「月間売上高」の散布図

図7-5 「競合店舗数」と「月間売上高」の散布図

手順❷ 相関係数から売り上げに影響のあるデータを見つけ出す

さて、「最寄り駅からの距離」「店舗面積」「商圏人口」「駐車場台数」「競合店舗数」と月間売上高の関係を示す、5つの散布図を作成しまし

た。なんとなく「最寄り駅からの距離」が「月間売上高」に最も関連しており、「最寄り駅からの距離」が短いほど「月間売上高」が大きくなる傾向がありそうです。この関連性の大きさについて、第4章でも登場した相関係数のおさらいをしながら、もう少し詳しく見ていきましょう。

2つの変数の関連性のことを**相関関係**といいました。また、2つの変数のあいだに、「片方の値が増加すると連動してもう片方の値も増加する」あるいは「連動してもう片方の値は減少する」などの関係がある場合、**相関関係がある**といいました。さらに、片方の値の増減ともう片方の値の増減に関連性がない場合、**相関関係がない**といいました。

相関関係には、方向性と強弱がありました。たとえば「降水量が増えると湿度が上がる」などのように、一方の値が増えるともう一方の値が増える関係性のことを**正の相関**と呼びました。一方で、「降水量が増えると日照時間が減る」などのように、一方の値が増えるともう一方の値が減少する関係性のことを**負の相関**と呼びました。この正と負が相関関係の方向性でした。

また、相関関係には、「2つの変数が強く連動している」ケースもありますが、「連動しているもののそれほど強い関係性は見られない」ケースもありました。これが相関係数の強弱です。

相関関係の方向性と強弱は、散布図からある程度見て取ることができました。右上がりのプロットの散布図の場合は正の相関関係、右下がりのプロットの散布図の場合は負の相関関係があることを示します。また、プロットされた点が直線に近いまとまりを見せている場合は強い相関関係があることを、点がバラバラに散らばっている場合は相関関係がないことを示します（図7-6）。

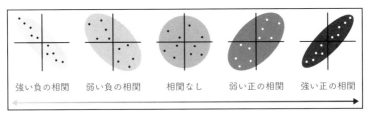

図7-6　相関関係と散布図

手順❶で作成した散布図を見てみましょう。「最寄駅からの距離」と「月間売上高」との関係を示す図7-1は、点が右下がりの楕円形を描いており、負の相関がありそうです。また、「商圏人口」と「月間売上高」との関係を示す図7-3は、点は右上がりの円に近い楕円形を描いているので、やや正の相関がありそうです。一方で、「店舗面積」「駐車場台数」「競合店舗数」と「月間売上高」との関係を示す図7-2、図7-4、図7-5では、点が図全体にバラついているので相関関係はなさそうです。

　このような相関関係を、**相関係数**を用いて分析するのが**相関分析**です。相関係数は−1から1までの値をとり、正の値の場合は正の相関、負の場合は負の相関を示し、値が−1や1に近いほど直線的な相関関係が強く、0に近いほど相関関係が弱いことを表しました（表4-3）。

表4-3　相関係数と相関の強さの表現（再掲）

相関係数	表現
0.7 ～ 1.0	強い正の相関
0.3 ～ 0.7	弱い正の相関
−0.3 ～ 0.3	ほぼ無相関
−0.7 ～ −0.3	弱い負の相関
−1.0 ～ −0.7	強い負の相関

　それでは、実際にExcelを使って、「月間売上高」と各項目の相関係数を求めてみましょう。4-2節の**手順❶**と同様に、CORREL関数を使って算出します。今回は、計算に用いるデータがあるシート（「2023年11月期データ」シート）とは異なるシート（「図7-7」シート）に相関係数を算出しましょう。図7-7のように、セル範囲の指定前に「'」で囲って「!」でつなげることで、参照するシートを指定できます。シート名は手入力で指定することも可能ですが、計算範囲のセルをクリックで選択すれば自動的に入力されます。たとえば「店舗面積」の場合、入力式は「=CORREL('2023年11月期データ'!B2:B104, '2023年11月期データ'!G2:G104)」となっています。

7-1　既存のデータから売り上げに関係する要因を抽出する　│　219

C4		f_x	=CORREL('2023年11月期データ'!B2:B104,'2023年11月期データ'!G2:G104)			
	A	B	C	D	E	F	G

図7-7　月額売上高と各項目の相関係数

	店舗面積	商圏人口	最寄り駅からの距離	駐車場台数	競合店舗数
月間売上高	-0.05	0.45	-0.71	-0.06	-0.01

図 7-7　「月額売上高」と各項目の相関係数

　同様のやりかたで、「商圏人口」「最寄り駅からの距離」「駐車場台数」「競合店舗数」と「月間売上高」とのあいだの相関係数も算出します。計算を実行すると小数点以下の桁数が長くなっており、少し見づらいため、小数点以下 2 桁までの表示にしましょう。図 7-7 と同じ値になっていれば、「月額売上高」と各項目の相関係数の表の完成です。散布図からの予想どおり、「最寄り駅からの距離」と「月間売上高」とのあいだには強い負の相関があり、「商圏人口」と「月間売上高」とのあいだには弱い正の相関がありました。一方で、「店舗面積」「駐車場台数」「競合店舗数」とのあいだに相関関係はありませんでした。

7-2 相関関係の強い指標間の関係を式で表す

手順❶ 単回帰分析を用いて各項目から売り上げを予測する回帰式を作る

相関分析から、月間売上高と関係性があるのは「最寄り駅からの距離」と「商圏人口」だとわかりました。次のステップとして、この2項目のデータから、月間売上高を予測するための式を立ててみましょう。

このとき、予測のために使用する変数Xを**説明変数**、予測したい変数Yを**目的変数**と呼びます。そして、目的変数Yに対して説明変数Xを使い表した式のことを**回帰式**、回帰式を求めることを**回帰分析**と呼びます。1つの目的変数Yについて1つの説明変数Xを使って予測する分析のことを、**単回帰分析**と呼びます。また、散布図上に散らばっている点（データ）に対して最もよく当てはまるように引いた直線のことを、**回帰直線**といいます。図7-8は、負の相関がある散布図における目的変数・説明変数・回帰式・回帰直線を表したものです。また、図7-9は、データによく当てはまっている回帰直線と、当てはまっていない線の例を示しています。

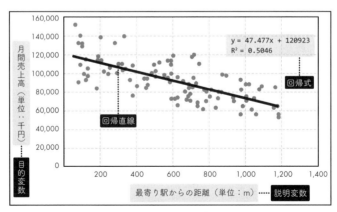

図7-8 目的変数・説明変数・回帰直線・回帰式の例
（「最寄り駅からの距離」と「月間売上高」の散布図）

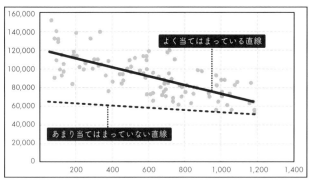

図 7-9 散布図に当てはまっている直線と当てはまっていない直線の例

　回帰直線は、理論的には**最小二乗法**という手法で算出できます。最小二乗法とは、実際の値と、回帰式よって予測される値とのあいだの誤差（残差）の二乗和を、最小にするような直線を求める手法です。本書では最小二乗法については詳しくは解説しませんが、散布図に回帰直線を当てはめる方法の裏では、こういった計算が行われているのだなということだけ覚えておいてください。

　それでは早速、「月間売上高」を目的変数 Y、「最寄り駅からの距離」を説明変数 X とした単回帰分析を行いましょう。Excel で回帰式を求めるやりかたには、散布図上に回帰直線を引いて求める方法と、Excel の分析ツールの回帰分析を使って求める方法があります。まずは散布図に回帰直線を当てはめる方法で、図 7-8 の回帰式を求めてみましょう。

散布図に回帰直線を当てはめる

手順① 散布図（今回は図 7-1）上の任意の点の上で右クリックし、「近似曲線の追加」をクリック

手順② 「近似曲線のオプション」から「線形近似」を選択

手順③ 「グラフに数式を表示する」「グラフに R-2 乗値を表示する」を選択（図 7-10）

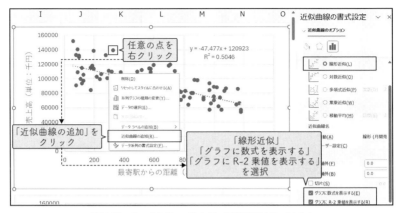

図 7-10 Excel を使って散布図に回帰直線を当てはめる

　すると図 7-11 のように、散布図上に回帰直線が引かれました。この直線は、データに最もよく当てはまっている直線です。また、「グラフに数式を表示する」を選択したため、この直線の示す式が表示されました。グラフ右上にある「y = −47.477x + 120923」という式が、「最寄り駅からの距離」から「月間売上高」を予測する回帰式です。

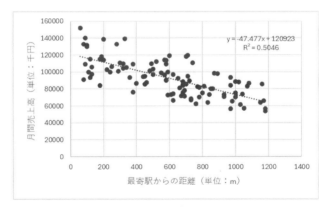

図 7-11 「最寄り駅からの距離」から「月間売上高」を予測する回帰式

この回帰式の傾きは「−47.477」なので、最寄り駅からの距離が1m遠くなると、月間売上高が47,477円下がることになります。この傾きのことを、**回帰係数**と呼びます。
　また、回帰式の下に算出されている「R^2」は、**決定係数**です。決定係数とは、求められた回帰式が「実際の値をどの程度よく説明できているか」を示す指標です。0から1までの値をとり、1に近いほど精度が高いことを示します。今回は、この回帰式が「月間売上高」を50.46%の精度で説明できることを意味しています。
　同様のやりかたで、「商圏人口」を説明変数とした単回帰分析を行うと、図7-12のような回帰直線が得られます。

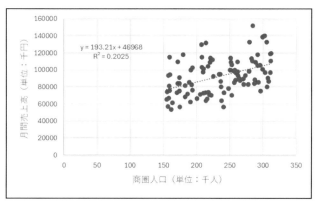

図7-12　「商圏人口」から「月間売上高」を予測する回帰式

　「商圏人口」を説明変数とした「月間売上高」を予測する回帰式の回帰係数は、「193.21」です。つまり、半径5km以内の人口が1,000人増えると、月間売上高が193,210円増えることになります。ただし決定係数が20.25%なので、さきほどの「最寄り駅からの距離」を説明変数とする回帰式よりも精度は落ちています。
　続けて、「店舗面積」「駐車場台数」「競合店舗数」のそれぞれを説明変数とした単回帰分析を行いましょう（図7-13～図7-15）。回帰式は求まりますが、決定係数はかぎりなく0に近いので、「店舗面積」「駐車場台数」「競合店舗数」の3つはやはり「月間売上高」を予測する項目としてはイマイチであることがわかります。

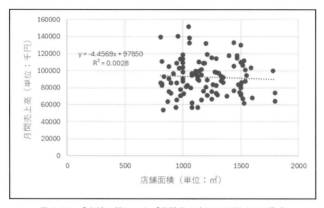

図7-13 「店舗面積」から「月間売上高」を予測する回帰式

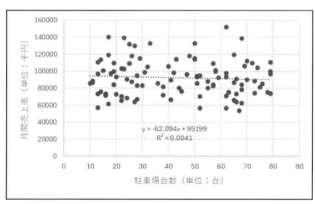

図7-14 「駐車場台数」から「月間売上高」を予測する回帰式

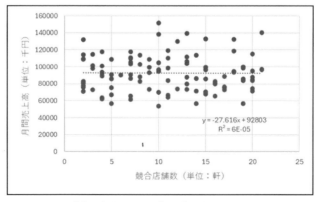

図7-15 「競合店舗数」から「月間売上高」を予測する回帰式

7-2 相関関係の強い指標間の関係を式で表す | 225

このように Excel では、散布図に回帰直線を当てはめる方法で単回帰分析が実施できます。しかし、**分析ツール**を使うとより詳細な分析結果が得られるので、そちらの方法も試してみましょう。

分析ツールは Excel に組み込まれている機能ですが、初期設定ではメニューとして表示されていません。以下のやりかたで追加する必要があります。

📊 分析ツールを追加する

手順①「ファイル」タブ→「その他」→「オプション」をクリック

手順②「アドイン」をクリック

手順③「管理」ボックスの一覧の「Excel アドイン」をクリックし、「設定」をクリック

手順④「アドイン」ボックスで「分析ツール」のチェックボックスを選択し、「OK」をクリック

分析ツールが追加されるとホームタブの「データ」内の「分析」のなかに、「データ分析」が追加されます。それでは分析ツールを使って、「最寄り駅からの距離」から「月間売上高」を予測する単回帰分析を実施してみましょう。

📊 分析ツールで単回帰分析を行う

手順①「2023 年 11 月期データ」シートを開き、「データ」タブ→「分析」グループ→「データ分析」をクリック

手順②「回帰分析」を選択し、「OK」をクリック（図 7-16）

手順③「入力 Y 範囲」に目的変数 Y のデータ範囲（G1〜G104 セル）を指定

手順④「入力 X 範囲」に説明変数 X のデータ範囲（D1〜D104 セル）を指定

手順⑤「ラベル」にチェックを入れ、「OK」をクリック（図 7-17）

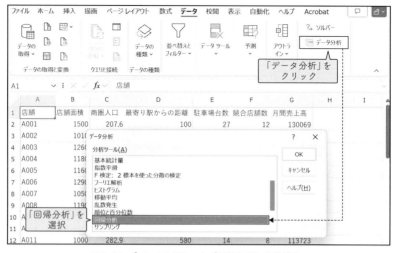

図 7-16 「データ分析」から「回帰分析」を選択する

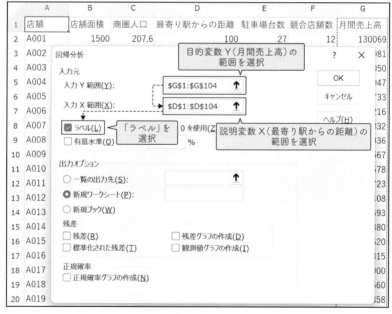

図 7-17 「回帰分析」ウィンドウ

7-2 相関関係の強い指標間の関係を式で表す | 227

「回帰分析」ウィンドウで範囲を指定し、「ラベル」を選択して「OK」をクリックすると、出力結果が記載された別シートが生成されます。出力結果を見てみましょう（図 7-18）。

	A	B	C	D	E	F	G	H	I
1	概要								
2									
3	回帰統計								
4	重相関 R	0.710344763							
5	重決定 R2	0.504589682							
6	補正 R2	0.499684629							
7	標準誤差	14805.74761							
8	観測数	103							
9									
10	分散分析表								
11		自由度	変動	分散	観測された分散比	有意 F			
12	回帰	1	22550458464	22550458464	102.8714099	4.35434E-17			
13	残差	101	22140226399	219210162.4					
14	合計	102	44690684863						
15									
16		係数	標準誤差	t	P-値	下限 95%	上限 95%	下限 95.0%	上限 95.0%
17	切片	120923.1452	3159.215568	38.27631973	6.20959E-62	114656.1113	127190.179	114656.1113	127190.179
18	最寄り駅からの距	-47.47685621	4.680956523	-10.14255441	4.35434E-17	-56.76261478	-38.19109763	-56.76261478	-38.19109763

図 7-18　分析ツールを使った「最寄り駅からの距離」から「月間売上高」を予測する単回帰分析

いろいろな指標が示されていますが、すべてを理解するには統計の知識が必要となるので、ここでは重要なポイントのみに絞って説明します。まずは、一番上の「回帰統計」の表を見てください（図 7-19）。単回帰分析の場合、この表内の「重相関 R」という指標が、相関係数の絶対値と一致します。つまり、この値が 1 に近いほど、説明変数と目的変数の相関関係が強いことになります。また、その下に表示されている「重決定 R2」は、回帰式の精度を表す指標です。Excel の出力結果では

	A	B	
1	概要		
2			
3	回帰統計		
4	重相関 R	0.710345	相関係数の絶対値と一致
5	重決定 R2	0.50459	決定係数
6	補正 R2	0.499685	
7	標準誤差	14805.75	
8	観測数	103	

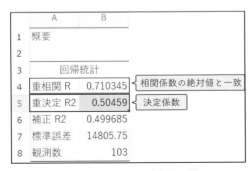

図 7-19　相関係数と決定係数の確認

「重決定 R2」と表現されていますが、決定係数と呼ばれます。散布図に回帰直線を合わせる方法で求めた決定係数は「50.46」だったので、ほぼ一致していることがわかります。

「回帰統計」の下の「分散分析表」には、回帰係数の検定結果が示されています。検定や有意確率（P 値）については、第 2 章を参照してください。

分散分析表の下段にある「最寄り駅からの距離」の行に出力されている係数が、回帰係数です（図 7-20）。当然ながら、図 7-11 の回帰式における傾きと同じく、約 −47.477 です。

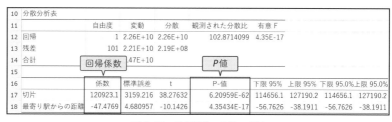

図 7-20　回帰係数と P 値の確認

「P-値」の列に示されているのが、P 値です。「最寄り駅からの距離」の P 値は「4.35434E-17」と表示されており、「E-17」は 1/10 の 17 乗という意味なので、実際の値は 0.0000000000000000004354 となります。つまり、非常に小さい値ということです。P 値は 1% 未満であるので、「（母集団において）駅からの距離が月間売上高に影響を与えないだろう」という帰無仮説は棄却されます。

Column 11
相関分析と回帰分析の違い

次のステップに移る前に、相関分析と回帰分析との違いについて簡単に説明します。どちらも 2 つの事柄の関係性を調べる分析ですが、明らかにしたいことの目的が異なります。相関分析は、ある変数とある変数とのあいだの「関連性の方向性と強さ」を分析する

ものです。相関分析ではあくまで関連性を取り上げるので、どちらが原因でどちらが目的である、というような因果は想定しません。

一方で、回帰分析はある変数（説明変数 X）から、別のある変数（目的変数 Y）を予測するために用いられます。つまり、説明変数 X が目的変数 Y を予測するという因果関係を想定する点が、相関分析との違いです。

手順❷ 重回帰分析を用いて複数の項目から売り上げを予測する回帰式を作る

単回帰分析から、「最寄り駅からの距離」から「月間売上高」を予測する回帰式と、「商圏人口」から「月間売上高」を予測する回帰式をそれぞれ算出しました。これらの回帰式を、1つにまとめられないでしょうか？

複数のデータの関連性を明らかにする統計手法の1つが、**重回帰分析**です。重回帰分析では、複数の説明変数が1つの目的変数に与える影響の大きさを表す回帰式を求めます。単回帰分析との違いは、説明変数が1つなのか複数なのかということです。

Excel では、単回帰分析で使用した分析ツールを使うことで重回帰分析が可能です。やりかたは単回帰分析と同じです。それでは、「店舗面積」「商圏人口」「最寄り駅からの距離」「駐車場台数」「競合店舗数」の5つを説明変数として、「月間売上高」を予測する回帰式を重回帰分析で求めてみましょう。

✖️ 分析ツールで重回帰分析を行う

手順①「2023 年 11 月期データ」シートを開き、「データ」タブ→「分析」グループ→「データ分析」をクリック

手順②「回帰分析」を選択し、「OK」をクリック

手順③「入力 Y 範囲」に目的変数 Y のデータ範囲（G1〜G104 セル）を指定

手順④「入力 X 範囲」に説明変数 X のデータ範囲（B1～F104 セル）を指定
手順⑤「ラベル」にチェックを入れ、「OK」をクリック（図 7-21）

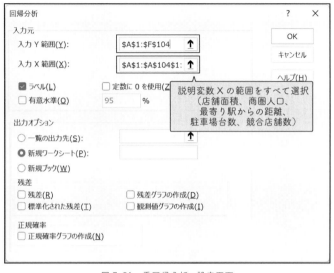

図 7-21　重回帰分析の設定画面

出力結果を見てみましょう（図 7-22）。

	A	B	C	D	E	F	G	H	I
1	概要								
2									
3		回帰統計							
4	重相関 R	0.845222364							
5	重決定 R2	0.714400844							
6	補正 R2	0.699679238							
7	標準誤差	11470.99518							
8	観測数	103							
9									
10	分散分析表								
11		自由度	変動	分散	観測された分散比	有意 F			
12	回帰	5	31927063003	6385412601	48.5273717	6.48505E-25			
13	残差	97	12763621860	131583730.5					
14	合計	102	44690684863						
15									
16		係数	標準誤差	t	P-値	下限 95%	上限 95%	下限 95.0%	上限 95.0%
17	切片	70086.27403	9100.157337	7.701655195	1.14889E-11	52024.98076	88147.56729	52024.98076	88147.56729
18	店舗面積	4.402754082	4.762602451	0.924442913	0.357549813	-5.049693428	13.85520159	-5.049693428	13.85520159
19	商圏人口	199.7682444	24.08722437	8.293535249	6.35703E-13	151.9617717	247.5747171	151.9617717	247.5747171
20	最寄り駅からの距	-47.79847798	3.690602026	-12.95140404	7.17457E-23	-55.1233014	-40.47365457	-55.1233014	-40.47365457
21	駐車場台数	9.440774976	54.55247338	0.173058606	0.86296597	-98.83078379	117.7123337	-98.83078379	117.7123337
22	競合店舗数	-159.8112745	195.1412286	-0.818951872	0.41482139	-547.1125954	227.4900463	-547.1125954	227.4900463

図 7-22　Excel の分析ツールによる重回帰分析の結果（説明変数 5 種）

分散分析表下段の、回帰係数を表す「係数」の列を見てください。切片と各説明変数の回帰係数から、この重回帰分析による回帰式は、以下のように表せます。

「月間売上高」を予測する回帰式（説明変数 5 種）

月間売上高（Y）＝

4.403×店舗面積 ＋ 199.768×商圏人口

－ 47.798×最寄り駅からの距離 ＋ 9.441×駐車場台数

－ 159.811×競合店舗数 ＋ 70086.274

重回帰分析では、説明変数の回帰係数を**偏回帰係数**といいます。「偏」とは、「ほかの説明変数の影響を除外した場合のその変数の影響度」という意味で用いられます。

「最寄り駅からの距離」の偏回帰係数は「－47.798」です。これは、「最寄り駅からの距離」以外の説明変数、すなわち「店舗面積」「商圏人口」「駐車場台数」「競合店舗数」の値を固定した場合に、「最寄り駅からの距離が1m遠くなると、月間売上高が47,798円下がる」ことを意味しています。

P値を見ると、「商圏人口」「最寄り駅からの距離」は1%未満ですが、「店舗面積」「駐車場台数」「競合店舗数」は10%以上です。つまり、月間売上高に影響する要因は、「商圏人口」と「最寄り駅からの距離」の2つであるといえます。

さて、この回帰式の当てはまりの度合いを調べるために、決定係数を確認しましょう。決定係数を表す「重決定R2」は約71.4%となっていますが、重回帰分析の場合は、その下にある「補正R2」を確認します。Excelの出力結果では「補正R2」と表現されていますが、これは**自由度調整済み決定係数**と呼ばれる指標です。今回は約70.0%となっています。

3	回帰統計	
4	重相関 R	0.845222364
5	重決定 R2	0.714400844
6	補正 R2	0.699679238
7	自由度調整済決定係数	11470.99518
8	重回帰分析の場合は こちらを確認する	103

図 7-23　決定係数と自由度調整済決定係数の確認

　決定係数には、「どんなに目的変数と関係性のない説明変数であって
も、その数が増えるほど 1 に近づく」という性質があります。そのため
重回帰分析では、それを補正した自由度調整済決定係数を使います。

　次に、その下にある分散分析表を見てください。「（母集団において）
店舗面積、商圏人口、最寄り駅からの距離、駐車場台数、競合店舗数を
説明変数とする回帰式は月間売上高を予測しないだろう」という帰無仮
説に対する P 値が、「有意 F」に出力されています。P 値は 1% 未満な
ので、帰無仮説は棄却されます。つまり、今回求められた回帰式は、月
間売上高をある程度予測できる式だといえます。

10	分散分析表				
11		自由度	変動	分散	観測された分散比	有意 F
12	回帰	5	31927063003	6385412601	48.5273717	6.48505E-25
13	残差	97	12763621860	131583730.5		
14	合計	102	44690684863			P 値

図 7-24　回帰式の P 値の確認

　ここで、再び各説明変数の表を見てみましょう（図 7-25）。さきほ
ど、各説明変数の P 値を見て、月間売上高に影響する要因は「商圏人
口」と「最寄り駅からの距離」の 2 つだと判断しました。しかし偏回帰
係数である「係数」を見ると「競合店舗数」は-159.811 となっており、
「最寄り駅からの距離」の偏回帰係数-47.798 よりも大きなインパクト
がありそうです。それにもかかわらず、P 値が 10% を大きく上回って
いる（「競合店舗数は月間売上高に影響を与えない」という帰無仮説が
棄却できない）のはなぜでしょうか？

7-2　相関関係の強い指標間の関係を式で表す　233

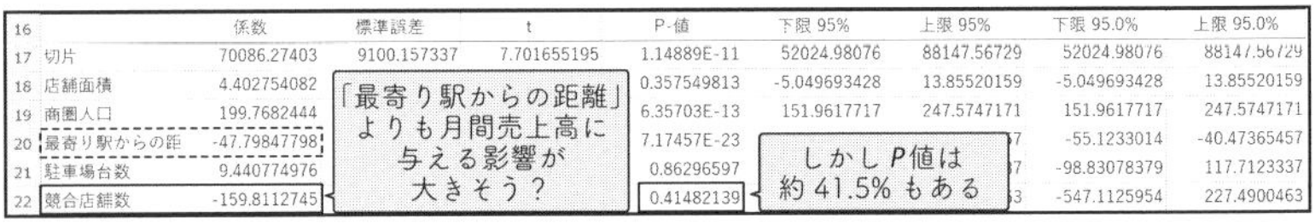

16		係数	標準誤差	t	P-値	下限 95%	上限 95%	下限 95.0%	上限 95.0%
17	切片	70086.27403	9100.157337	7.701655195	1.14889E-11	52024.98076	88147.56729	52024.980/6	8814/.56/29
18	店舗面積	4.402754082			0.357549813	-5.049693428	13.85520159	-5.049693428	13.85520159
19	商圏人口	199.7682444			6.35703E-13	151.9617717	247.5747171	151.9617717	247.5747171
20	最寄り駅からの距	-47.79847798			7.17457E-23			-55.1233014	-40.47365457
21	駐車場台数	9.440774976			0.86296597			-98.83078379	117.7123337
22	競合店舗数	-159.8112745			0.41482139			-547.1125954	227.4900463

「最寄り駅からの距離」よりも月間売上高に与える影響が大きそう？

しかし P 値は約 41.5％ もある

図 7-25　各説明変数の回帰係数と P 値の再確認

　この数値を見ると、偏回帰係数と P 値のあいだに矛盾があるように見えます。本当に矛盾があるかどうか確認するために、基本に立ち返り、それぞれの項目の**基本統計量**を算出してみましょう。基本統計量とはデータの基本的な特徴を表す値であり、平均値や中央値、分散などがあります。第 1 章ではピボットテーブルを使って平均値などを算出しましたが、分析ツールを使うと、より簡単に基本統計量を算出できます。

分析ツールで基本統計量を算出する

手順①　「2023 年 11 月期データ」シートを開き、「データ」タブ→「分析」グループ→「データ分析」をクリック

手順②　「基本統計量」を選択し、「OK」をクリック

手順③　「入力範囲」に基本統計量を算出したいデータ範囲を指定（B1〜G104 セル）

手順④　「先頭行をラベル」にチェックを入れる

手順⑤　「統計情報」にチェックを入れ、「OK」をクリック（図 7-26）

　出力された基本統計量が、図 7-27 です。

　ここで、「最寄り駅からの距離」と「競合店舗数」の最小値と最大値に注目してください。このデータにおける「最寄り駅からの距離」の範囲は、60〜1180 です。一方、「競合店舗数」の範囲は、2〜21 です。値が 1 増えるといっても、「最寄り駅からの距離が 1 m 遠い」ことと「半径 5 km 圏内の競合店舗が 1 軒多い」ことは、同列には考えられません。

234

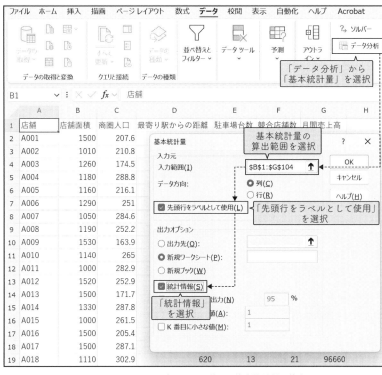

図 7-26　Excel の分析ツールを使った基本統計量の算出

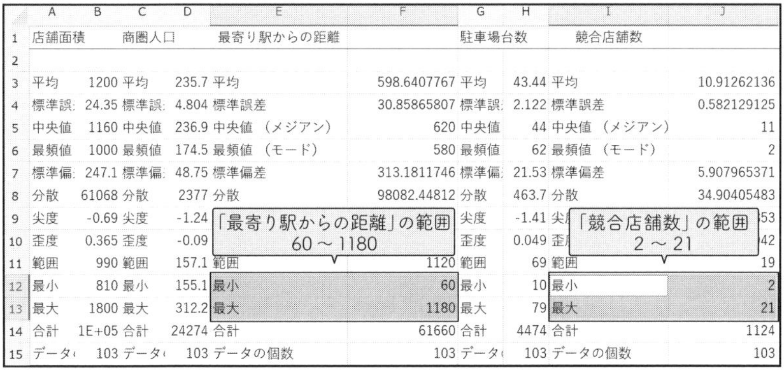

図 7-27　Excel の分析ツールによる基本統計量の出力結果

7-2　相関関係の強い指標間の関係を式で表す

また、今回のデータでは最寄り駅からの距離の単位を m で換算していますが、この単位を km にしたらどうなるでしょうか？　すべての店舗の最寄り駅からの距離の値は、1/1000 になります。すると偏回帰係数は 1,000 倍の「−47,798」になります。このように、偏回帰変数は説明変数の大小や単位の影響を受けます。

　そのため、偏回帰係数では、大きさや単位の異なる説明変数間の重要度を比較することができません。そこで登場するのが、**標準偏回帰係数**と呼ばれるものです。標準偏回帰係数とは、目的変数および説明変数をそれぞれ標準化した値から算出される偏回帰係数のことです。平均が0、分散が 1 となるようにデータを変換することを、**標準化**と呼びます。標準化を行うことで説明変数の大きさや単位が異なっていても、相対的な係数の大きさを比較することができます。

　標準偏回帰係数は、すべての変数の得点を標準化してから重回帰分析をすることで求まりますが、偏回帰係数と目的変数および説明変数の標準偏差を使った計算式で求めることもできます。

$$標準偏回帰係数 ＝ 偏回帰係数 \times \frac{説明変数の標準偏差}{目的変数の標準偏差}$$

　それでは、実際に Excel を使って標準偏回帰係数を算出してみましょう。まず、目的変数と説明変数の標準偏差と標準偏回帰係数を求める表の枠を用意してください。列は「平均値」「標準偏差」「偏回帰係数」「標準偏回帰係数」、行は目的変数と各説明変数です。続いて、図 7-27 から各項目の平均値と標準偏差をコピーします[1]。また、図 7-22 から月間売上高を除く各項目の偏回帰係数をコピーしておきます。

　準備が整ったので、さきほどの標準偏回帰係数を求める計算式を使っ

---

[1] 平均値は標準偏回帰係数の算出には不要ですが、最後の報告用スライドに載せるときに基本の統計量として掲載したいので、表内に情報を入れています。

て、それぞれの説明変数の標準偏回帰係数を求めましょう。

Ｘ📊 各項目の標準偏回帰係数を算出する

手順① F5セル（店舗面積の標準偏回帰係数）に「＝E5*D5/$D$4」と入力
し Enter を押す（図7-28）

手順② F5セルからオートフィルで F9 セルまで埋める

手順③ 平均値、標準偏差、偏回帰係数、標準偏回帰係数（C4〜F9セル）
を選択して右クリック

手順④ 「セルの書式設定」を選択し、「表示形式」を開く

手順⑤ 「分類」から「数値」を選択し、「小数点以下の桁数」を「2」に指
定し、「OK」をクリック

	平均値	標準偏差	偏回帰係数	標準偏回帰係数
月間売上高	92501.56	20931.89		
店舗面積	1200.10	247.12	4.40	0.05
商圏人口	235.67	48.75	199.77	0.47
最寄り駅からの距離	598.64	313.18	-47.80	-0.72
駐車場台数	43.44	21.53	9.44	0.01
競合店舗数	10.91	5.91	-159.81	-0.05

図7-28　重回帰分析による各説明変数（5種）の標準偏回帰係数

算出された標準偏回帰係数を見ると、「月間売上高」に対する影響が
最も大きい説明変数は「最寄り駅からの距離」であり、次に「商圏人
口」であることがわかります。一方で、「店舗面積」「駐車場台数」「競
合店舗数」は「月間売上高」に影響を与えていません。

手順❸ 売り上げに影響しない要因を除外した回帰式を作る

次に、変数の選択について考えてみましょう。ここまでは、「月間売
上高」を予測する説明変数として「店舗面積」「商圏人口」「最寄り駅か
らの距離」「駐車場台数」「競合店舗数」の5つを用いた回帰式を算出し
ました。しかし、標準偏回帰係数を見ると、「店舗面積」「駐車場台数」

7-2　相関関係の強い指標間の関係を式で表す　｜　237

「競合店舗数」は「月間売上高」に影響を与えていないようです。これらの変数は、説明変数から除いてもよいのではないでしょうか？

　重回帰分析では、一定の基準に従って、複数の説明変数のなかから効率的に目的変数を説明できるものを選択することがあります。変数を選択する方法には、以下のような方法があります。

- **変数減少法**：すべての説明変数を含むモデルからスタートし、1つずつ変数を減少させていく方法
- **変数増加法**：説明変数を含まないモデルからスタートし、1つずつ変数を増加させていく方法
- **変数増減法**（ステップワイズ法）：説明変数を含まないモデルからスタートし、1つずつ変数を増加させたり減少させたりする方法
- **総当たり法**：変数が1つのみからすべての変数の組み合わせで分析を行い、最良の変数の組み合わせを見つける方法

　試しに、変数減少法を用いて有効な説明変数のみを残した回帰式を立ててみましょう。まず、回帰式に登場するすべての説明変数について、**F値**を計算します。F値とは、各説明変数が目的変数に対してどの程度効果をもっているかを検定した結果を示す数値で、Excelの回帰分析では分散分析表下段（図7-22）の「t」という列に表示されている各回帰係数のt値という指標の二乗です。

　変数減少法では、まず各説明変数のF値のなかで最も値が小さいものを探します。そして、説明変数を選択する基準となる値と比較します。この「基準となる値」にはいくつか種類があるのですが、ここでは**Fout**という基準を用います。Foutは、通常は2.0とします。各説明変数のF値のなかで最も小さいものがFout＝2.0より小さければ、その説明変数を除外します。そして、再度重回帰分析を行います。この手順を、除外する説明変数がなくなるまで繰り返します。なお、一度に複数の説明変数を除外することはせず、1つずつ除外していきましょう。

　それでは、実際にExcelを使ってF値を算出してみましょう。まず、

F 値を求める表の枠を用意してください。列は「t 値」と「F 値」、行は各説明変数です。枠が用意できたら、図 7-22 から、各項目の t 値をコピーして貼り付けます。

F 値は t 値の 2 乗ですから、数式で求めていきましょう。

🅇 各説明変数の F 値を算出する

手順① D4 セル（店舗面積の F 値）を選択し、「＝C4*C4」と入力し Enter を押す

手順② D4 セルからオートフィルで D8 セルまで埋める

手順③ t 値と F 値（C4～D8 セル）を選択して右クリック

手順④ 「セルの書式設定」を選択し、「表示形式」を開く

手順⑤ 「分類」から「数値」を選択し、「小数点以下の桁数」を「2」に指定し、「OK」をクリック（表 7-2）

表 7-2　重回帰分析による各説明変数（5 種）の t 値と F 値

	t 値	F 値
店舗面積	0.92	0.85
商圏人口	8.29	68.78
最寄り駅からの距離	− 12.95	167.74
駐車場台数	0.17	0.03
競合店舗数	− 0.82	0.67

最も F 値が小さい説明変数は、「駐車場台数」の「0.03」でした。この値は $Fout = 2.0$ より小さいため、駐車場台数を除いて、再度重回帰分析を実施します。

このとき、「2023 年 11 月期データ」のシートで、Excel の分析ツールを用いて「駐車場台数」以外の 4 つの説明変数を指定して重回帰分析を実行しようとすると、「回帰分析入力範囲は連続している必要があります」というエラーメッセージが出ます。そのため、データの入っているシートをコピーし、指定する説明変数が一並びになるように修正します。

「2023 年 11 月期データ」シート名の上で右クリックし「移動または
コピー」をクリックし、表示されたウィンドウで「コピーを作成する」
にチェックを入れて「OK」をクリックしてください。「2023 年 11 月期
データ」と同じシートが新しく作られるので、シート名を適宜変更した
うえで、さきほど説明変数から除外した「駐車場台数」の列を削除して
ください。図 7-29 のようになっていれば OK です。

	A	B	C	D	E	F
1	店舗	店舗面積	商圏人口	最寄り駅からの距離	競合店舗数	月間売上高
2	A001	1500	207.6	100	12	130069
3	A002	1010	210.8	590	3	72981
4	A003	1260	174.5	180	19	84050
5	A004	1180	288.8	580	9	108947
6	A005	1160	216.1	1170	16	65733
7	A006	1290	251	570	2	114216
8	A007	1050	284.6	60	10	151832
9	A008	1190	252.2	90	5	108936

図 7-29 「駐車場台数」を除いたシート

このシート上で分析ツールを使って重回帰分析を行うと、図 7-30 の
出力結果が得られます。

	A	B	C	D	E	F	G	H	I
1	概要								
2									
3		回帰統計							
4	重相関 R	0.845170198							
5	重決定 R2	0.714312664							
6	補正 R2	0.702651957							
7	標準誤差	11414.0813							
8	観測数	103							
9									
10	分散分析表								
11		自由度	変動	分散	観測された分散比	有意 F			
12	回帰	4	31923122165	7980780541	61.25808908	7.85194E-26			
13	残差	98	12767562698	130281252					
14	合計	102	44690684863						
15									
16		係数	標準誤差	t	P-値	下限 95%	上限 95%	下限 95.0%	上限 95.0%
17	切片	70214.27486	9025.04804	7.779933642	7.45576E-12	52304.36075	88124.18897	52304.36075	88124.18897
18	店舗面積	4.497765358	4.707380406	0.955470977	0.341690581	-4.843877854	13.83940857	-4.843877854	13.83940857
19	商圏人口	200.3379515	23.74281819	8.437833699	2.92569E-13	153.2211015	247.4548014	153.2211015	247.4548014
20	最寄り駅からの距	-47.68047406	3.609068119	-13.2112979	1.71278E-23	-54.84255228	-40.51839583	-54.84255228	-40.51839583
21	競合店舗数	-163.1881885	193.1998216	-0.844660141	0.400357956	-546.5869467	220.2105697	-546.5869467	220.2105697

図 7-30 2 回目の重回帰分析の結果（説明変数 4 種）

重回帰分析の結果が出力されたら、さきほどと同じように F 値を求
めてみましょう（表 7-3）。

240

表 7-3　2 回目の重回帰分析による各説明変数（4 種）の t 値と F 値

	t 値	F 値
店舗面積	0.96	0.91
商圏人口	8.44	71.20
最寄り駅からの距離	−13.21	174.54
競合店舗数	−0.84	0.71

　最も F 値が小さい説明変数は、「競合店舗数」の「0.71」でした。この値は Fout ＝ 2.0 より小さいため、店舗面積を除いて、3 回目の重回帰分析を実施します。

　再びデータの入っているシートをコピーし、「競合店舗数」の列を削除しても構いませんが、2 回目に使ったシートで「店舗面積」「商圏人口」「最寄り駅からの距離」はすでに並んでいます。そのまま重回帰分析を実施しても問題ありません。図 7-31 は、3 回目の重回帰分析の結果です。

図 7-31　3 回目の重回帰分析の結果（説明変数 3 種）

　さきほどと同じように、F 値を求めてみましょう（表 7-4）。最も F 値が小さい説明変数は、「店舗面積」の「0.73」です。この値は Fout ＝ 2.0 より小さいため、店舗面積を除いて、4 回目の重回帰分析を実施します。

7-2　相関関係の強い指標間の関係を式で表す　｜　241

表7-4　3回目の重回帰分析による各説明変数（3種）の t 値と F 値

	t 値	F 値
店舗面積	0.86	0.73
商圏人口	8.41	70.71
最寄り駅からの距離	−13.22	174.84

さきほどと同様に、4回目の重回帰分析で説明変数に指定する「商圏人口」と「最寄り駅からの距離」はすでに並んでいるので、そのまま重回帰分析を実施しても問題ありません。図7-32は、4回目の重回帰分析の結果です。

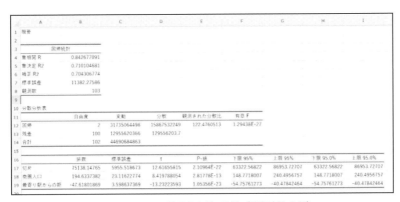

図7-32　4回目の重回帰分析の結果（説明変数2種）

さきほどと同じように、F 値を求めてみましょう（表7-5）。最も F 値が小さい説明変数は「商圏人口」の「70.89」で、Fout＝2.0 より大きいため、これで重回帰分析は終了です。

表7-5　4回目の重回帰分析による各説明変数（2種）の t 値と F 値

	t 値	F 値
商圏人口	8.42	70.89
最寄り駅からの距離	−13.23	175.09

変数減少法で最終的に求まった回帰式は、以下になります。自由度調

整済決定係数は 70.4% なので、説明変数が 5 種のときと精度はほとんど変わりませんが、かなりシンプルになりました。分散分析表の結果から、この回帰式は月間売上高を十分に予測できるといえます。

「月間売上高」を予測する回帰式（説明変数 2 種）

月間売上高（Y）＝

194.634 × 商圏人口 － 47.618 ×

最寄り駅からの距離 ＋ 75138.148

また、**手順❷**の最後で行ったように標準偏回帰係数を求めましょう（表7-6）。

表 7-6　重回帰分析（変数減少法）による各説明変数（2 種）の標準偏回帰係数

	平均値	標準偏差	偏回帰係数	標準偏回帰係数
月間売上高	92501.56	20931.89		
商圏人口	235.67	48.75	194.63	0.45
最寄り駅からの距離	598.64	313.18	－ 47.62	－ 0.71

手順❹ 回帰式から新規店舗の売上予測を行う

それでは最後のステップです。最終的に得られた回帰式をもとに、新規店舗の月間売上高を求めてみましょう。「2023 年 11 月期データ」シートをコピーし、任意の名前に変更し、105 行目に新規店舗の情報を追加します（図 7-33）。

	A	B	C	D	E	F	G
1	店舗	店舗面積	商圏人口	最寄り駅からの距離	駐車場台数	競合店舗数	月間売上高
102	A101	1600	182.7	730	24	15	68186
103	A102	1180	159.7	680	14	2	75896
104	A103	1280	255.8	550	31	11	98677
105	新規店舗	1400	200	300	50	5	

図 7-33　新規店舗情報を追加したデータ

7-2　相関関係の強い指標間の関係を式で表す　｜　243

新規店舗の「店舗面積」「商圏人口」「最寄り駅からの距離」「駐車場台数」の情報は、表7-7のとおりです。

表7-7　新規店舗の情報

	値
店舗面積	1400
商圏人口	200
最寄り駅からの距離	300
駐車場台数	50
競合店舗数	5

　図7-33のG105セルに回帰式を入力して、新規店舗の月間売上高を予測してみましょう。

X 回帰式を用いて目的変数を予測する

手順① G105セルに回帰式（今回は「＝194.634*C105－47.618*D105＋75138.148」）を入力しEnterを押す（図7-34）

G105		✓ : × ✓ f_x ✓	=194.634*C105-47.618*D105+75138.148				
	A	B	C	D	E	F	G
1	店舗	店舗面積	商圏人口	最寄り駅からの距離	駐車場台数	競合店舗数	月間売上高
102	A101	1600	182.7	730	24	15	68186
103	A102	1180	159.7	680	14	2	75896
104	A103	1280	255.8	550	31	11	98677
105	新規店舗	1400	200	300	50	5	99779.548

図7-34　重回帰分析（変数減少法）を用いた新規店舗の売上予測

　新規店舗の月間売上高の予測値「99779.548」が求まりました。

244

Column 12

TREND 関数を使って予測値を算出する

　今回は回帰式に新規店舗の「商圏人口」と「最寄り駅からの距離」の値を当てはめることで新規店舗の月間売上高を予測しましたが、TREND 関数で算出することもできます。TREND 関数とは、最小二乗法を使って既存の値から将来の値を予測する関数です。TREND 関数では「既知の Y（必須）」「既知の X（省略可）」「新しい X（省略可）」「定数（省略可、TRUE を指定もしくは省略した場合は切片の値を計算し、FALSE を指定した場合は「0」に設定される）」のパラメータを指定します。

　今回の場合、既存店舗の「月間売上高」の値（既知の Y）と「商圏人口」と「最寄り駅からの距離」の値（既知の X）、新規店舗の「商圏人口」と「最寄り駅からの距離」の値（新しい X）を使って、新規店舗の「月間売上高」を予測します。

▣ TREND 関数を使って予測値を算出する

手順① G105 セルを選択し「関数の挿入」をクリック

手順② 「関数の分類」で「統計」を指定

手順③ 「関数名」から「TREND」を指定し、「OK」をクリック

手順④ 「既知の y」の値（G2 から G104 セル）と「既知の x」の値（C2 から D104 セル）を指定

手順⑤ 「新しい x」の値（C105 から D105 セル）を指定し、「OK」をクリック

　これで回帰式を用いた予測とほぼ同じ値が求まります。小数点以下で差が発生しますが、これは回帰式を用いた予測の際に偏回帰係数を小数点以下 3 位に丸めたからです。

7-3 報告用の資料を作成する

最後に報告用に資料を作成します。7-1節から7-2節までの手順により、現在、以下の情報が手元にあります。

- 「月間売上高」と「最寄り駅からの距離」の関係を示す式と散布図（図7-11）
- 「月間売上高」と「商圏人口」の関係を示す式と散布図（図7-12）
- 「月間売上高」と「店舗面積」の関係を示す式と散布図（図7-13）
- 「月間売上高」と「駐車場台数」の関係を示す式と散布図（図7-14）
- 「月間売上高」と「競合店舗数」の関係を示す式と散布図（図7-15）
- 重回帰分析（変数減少法）により算出された月間売上高の予測式とそれにより算出された新規店舗の月間売上高（図7-34）

部長からの依頼は「新規店舗の月間売上高を予測する」ことでした。この観点でまとめたスライドを確認していきましょう（図7-35）。

図7-35　表紙（スライド1枚目）

図 7-36　本報告書の概要と結論（スライド 2 枚目）

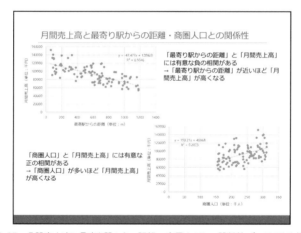

図 7-37　月間売上高と最寄り駅からの距離・商圏人口との関係性（スライド 3 枚目）

　図 7-36 のスライドには、部長からの依頼内容（新規店舗の月間売上高を予測する）と、それに対する結論（新規店舗では月あたり約 1 億円の売り上げが期待できる）を端的に記載しています。また、どのようなデータを使ったか（2023 年 11 月期の既存 103 店舗のデータ）を記載しています。なぜ「約 1 億円の売り上げが期待できる」という答えに至ったかは、以降のスライドで説明していきます。

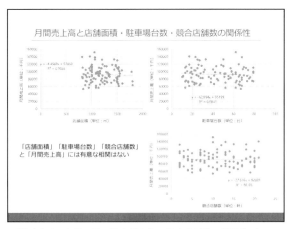

図7-38 月間売上高と店舗面積・駐車場台数・競合店舗数の関係性（スライド4枚目）

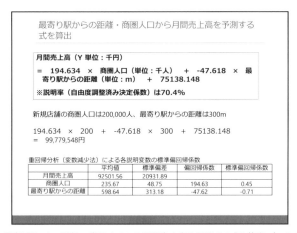

図7-39 最寄り駅からの距離・商圏人口から月間売上高を予測する式を算出（スライド5枚目）

　図7-37と図7-38は、「月間売上高」と「最寄り駅からの距離」「商圏人口」「店舗面積」「駐車場台数」「競合店舗数」の関係を示す式と散布図を示し、「最寄り駅からの距離」と「商圏人口」が「月間売上高」の予測に役立つ要因であることを示しました。
　図7-39には重回帰分析から求められた式を提示し、新規店舗の情報を代入することで、新規店舗の月間売上高を求めました。

まとめ　立式は難しいけど応用が効く

　この章では、回帰分析を使い、既存店舗のデータからまだ存在しない新規店舗の売り上げを予測してきました。回帰分析は、さまざまな要因が特定の結果にどのように影響しているかを理解するための統計的手法です。統計的手法と聞くと難しそうと思われる人もいるかと思いますが、回帰分析をマスターすると、売り上げや利益などの成果に対してさまざまな要素がどの程度影響しているかを数値的に明らかにすることが可能です。さらに、回帰分析で求められた回帰式に対して数値を当てはめることで、将来の動向を予測することも可能なので、非常に便利なツールです。

　本章では数値で表せるデータ（**量的変数**）を使った回帰分析を取り上げましたが、数量で表せない**質的変数**[*2]を扱える方法もあるので、興味のある方は巻末で紹介する推薦図書を参考にしてください。

うちの売り上げって、「最寄り駅からの距離」と「半径5km圏内の人口」が影響していたんだね。

逆に「店舗面積」や「駐車場台数」、「半径5km圏内の競合店舗数」があまり影響していないのは意外でした。

既存データから推測できる範囲内ですが、新しい店舗の売上予測も出せましたね。部長、この売り上げなら新規店舗の出店は大丈夫そうですか？

うん、大丈夫だと思うよ。もちろん本部しか把握していない事情もあるだろうから、どうなるかはわからないけどね。でも、二人が算出してくれた結果は本部に報告しておくよ。ありがとう！

[*2] 量的変数は「身長」「体重」「年齢」などの数値で表せるデータであるのに対して、質的変数は「性別」「出身地」「星座」などの数値で表せないデータのことを指します。

おわりに・推薦図書

　本書の内容はいかがだったでしょうか？

　本書では「南極スーパー」という架空のスーパーを舞台に、「クジラ部長からの課題に対して、アザラシ先輩の助けを借りながら新入社員であるペンギンが集計・分析を行っていく」というストーリー仕立てで、データの集計・分析の方法について解説を行いました。

　スーパーではさまざまな商品が売られていますが、商品の数やデータの量が膨大になるため、本書ではおもにお茶系飲料など少数の商品やジャンルに絞り、条件を限定するなどして、なるべく複雑にならないようなデータを用意して集計・分析を行いました。そのため、実際に分析する場合と乖離してしまっている点や注意すべき点が出てきています。

　たとえば第1章から第3章で利用した「いつものPOSデータ」では、各商品の価格はそれぞれ常に同じになっていました（表1-3）。しかし実際には、日々価格は変動しています。セールや特売、在庫処分などで値段が下がることがあるからです。価格が変動すると、ある2つの期間で集計をした際に、「ある期間のほうが別の期間より売上個数が少ないのに売上金額が高い」といった結果が出ることがあります。データを分析する際には、このようなことも想定して、個数と金額に着目してきちんと比較をする必要があることを頭に入れておくとよいでしょう。

　また、第4章では、「いつものPOSデータ」に天気や降水量のデータを加えて分析を行いました。このとき、天気のデータを使うのではなく、降水量から天気を分類しました。この分類方法については、店舗の状況などさまざまな状況に応じて変更する必要があるでしょう。また、同じ日でも雨が上がったら買いものに来るお客さんが増えることも考えられるので、降水の時間帯で分析することも有効かもしれません。

　第5章ではアソシエーション分析を扱い、お茶を含む6種類の商品カテゴリー間の併売をもとに分析を行いました。実際のスーパーでは何千もの商品が扱われており、商品カテゴリーでも数百はあるでしょう。こ

れらを分析する場合、分析に時間がかかることはもちろん、支持度や確信度についても注意が必要になってきます。本文中では支持度を 0.05 以上、確信度を 0.4 以上という条件で分析をしましたが、併売の組み合わせが増えるので、支持度・確信度ともに値を低く設定する必要が出てくるでしょう。

第 6 章では、「小魚くんシリーズ」の 6 種類の商品の売れ行きを調べるために、南極スーパーの系列の約 100 店舗を対象とする週次の商品ごとの売上データを使いました。今回は「小魚くんシリーズ」の 6 商品に絞って分析をしましたが、同様のやりかたで、菓子類全般における週次売上状況を分析し、お菓子コーナーに陳列する商品のラインナップの検討することもできます。その場合は扱う商品の数が多くなるので、ABC 分析などを併用すると効率的に検討することができるでしょう。

第 7 章では、新店舗の売り上げの見込み額を推計するために、既存の 103 軒の店舗の「店舗面積」「商圏人口」「最寄り駅からの距離」「駐車場台数」「競合店舗数」「月間売上高」のデータから月間売上高を予測する回帰式を算出しました。本章で取り上げた要因以外にもスーパーの売上高に影響を与える要因はあります。たとえばオフィス街であれば、その近くに居住している人の人口は少ないかもしれませんが、昼間の人口は多いことがありえます。分析の目的や取り巻く状況によって、回帰式に投入するべき要因は変わってきます。データを分析する際は、目的や状況に応じてどのようなデータがそもそも必要なのか、分析に適しているのかという視点を常に頭に入れておくとよいでしょう。

このように、わかりやすさを優先するために触れられなかった部分はありますが、本書では POS データの集計・分析について扱いました。本書の内容が少しでも読者の参考になれば幸いです。

最後に、データ分析を学ぶにあたり、参考となる文献、とくに入門書をいくつか挙げておきます。

統計学の入門書

板口典弘・森数馬（2017）．ステップアップ心理学シリーズ 心理学統計入門 わかって使える検定法，講談社．

小島寛之（2008）．完全独習 統計学入門，ダイヤモンド社．

篠崎信雄・竹内秀一（2009）．統計解析入門［第2版］，サイエンス社．

高橋信（2004）．マンガでわかる統計学，オーム社．

データ分析の入門書

足立浩平（2006）．多変量データ解析法 心理・教育・社会系のための入門，ナカニシヤ出版．

高橋信（2005）．マンガでわかる統計学 回帰分析編，オーム社．

高橋信（2006）．マンガでわかる統計学 因子分析編，オーム社．

マーケティングに関するデータ分析の本

生田目崇（2017）．マーケティングのための統計分析 購買履歴の評価からマーケティングミックスの最適化 ソーシャルネットワークのデータ分析まで，オーム社．

本藤貴康・奥島晶子（2015）．ID-POS マーケティング，英治出版．

マーケティングやマーケティング・リサーチの入門書

久保田進彦・澁谷覚・須永努（2022）．はじめてのマーケティング［新版］，有斐閣．

星野崇宏・上田雅夫（2018）．マーケティング・リサーチ入門，有斐閣．

Excel 操作・関数・ショートカットキー一覧

Excel 操作

Excel 操作手順	ページ
フィルターで情報を抽出する	009
ピボットテーブルで表を作る	014
表から棒グラフを作成する	030
グラフの書式を変更する	033
離れた列の値で棒グラフを作成する	038
表から折れ線グラフを作成する	041
ピボットテーブルで2項目のクロス集計を行う	057
クロス集計表から棒グラフを作成する	059
性別ごとの年代の比率グラフを作成する	066
移動平均を算出する	101
2軸の折れ線グラフを作成する	123
散布図を作成する	126
店頭カバー率を算出する	185
セルの書式設定でパーセンテージ表記にする	186
小数点以下の表示を2桁までにする	187
数量PIを算出する	191
ピボットテーブルのもとのデータの範囲を変更する	191
金額PIを算出する	195
出現店・数量PIと出現店・金額PIを算出する	201
散布図に回帰直線を当てはめる	222
分析ツールを追加する	226
分析ツールで単回帰分析を行う	226
分析ツールで重回帰分析を行う	230
分析ツールで基本統計量を算出する	234
各項目の標準偏回帰係数を算出する	237
各説明変数のF値を算出する	239
回帰式を用いて目的変数を予測する	244

関数

関数名	役割	ページ
CHISQ.TEST	クロス集計表の検定のP値を算出する	080
AVERAGE	平均を求める	101
XLOOKUP	指定した範囲内を検索し条件に合致するものを返す	120
CORREL	相関係数を求める	131
PEASON	相関係数を求める	131
IF	条件をもとに分類を行う	138
TREND	既存の値から直線的な予測を行う	245

ショートカットキー

キー	動作	ページ
Ctrl＋矢印	矢印方向の空白でないセルの端まで移動	008
Ctrl＋Shift＋矢印	矢印方向の空白でないセルの端まで選択	010
Ctrl＋C	コピー	017
Ctrl＋V	貼り付け	017
Ctrl＋Alt＋V	形式を選択して貼り付け	018
Ctrl＋クリック or ドラッグ	離れたセルを同時に選択	039
F4	参照形式の変更	104

Excel 操作・関数・ショートカットキー一覧 | 255

索　引

アルファベット

F 値	238
ID-POS データ	003
JAN コード	003
PI 値	190
POS データ（販売時点管理データ）	003
P 値（有意確率）	076

あ行

アソシエーション分析	155
アソシエーションルール	163
値の貼り付け	016, 017
アプリオリのアルゴリズム	168
異常値	020
移動平均	100
オートフィル	102, 103

か行

カイ 2 乗値	144
回帰係数	224
回帰式	221
回帰直線	221
回帰分析	221
確信度	164
カラム（列）	007
帰結部	163
基礎集計	013
期待度数	078

基本統計量	234
帰無仮説	076
金額 PI	194
クラメールの連関係数	144
クロス集計	056
クロス集計表	056
クロス集計表の検定（カイ 2 乗検定）	077
欠損	020
決定係数	224
降順	016
項目	007

さ行

最小二乗法	222
散布図	125, 216
支持度	163
質的変数	249
重回帰分析	230
集計	007
自由度調整済み決定係数	232
商圏	216
昇順	016
数量 PI	190
正の相関	133, 218
セグメンテーション	055
セグメント	055
絶対参照	104
説明変数	221

前提部	163	フィルハンドル		103
		複合参照		104
総当たり法	238	負の相関		133, 218
相関係数	130, 219	分析ツール		226
相関の強さ	133			
相関分析	219	併売分析		155
相対参照	104	偏回帰係数		232
属性	009	変数減少法		238
		変数増加法		238

た行

対立仮説	076	変数増減法（ステップワイズ法）	238
多重クロス集計	056		
単回帰分析	221	母集団	075

店頭カバー率	184	**ま行**

		マーケティング	002
統計的仮説検定	074	マーケティング・リサーチ	002

は行

		目的変数	221
外れ値	128	**や行**	
		有意差	076
ピボットグラフ	039	有意水準	076
ピボットテーブル	013		
標準化	236	**ら行**	
標準偏回帰係数	236	リフト値	165
標本（サンプル）	075	量的変数	249
標本データ	075		
標本の大きさ（サンプルサイズ）	075	レコード（行）	008
		連関係数	144
フィルター機能	009		

著者略歴

 横山　暁（よこやま　さとる）
（第1章〜第5章担当）

青山学院大学経営学部マーケティング学科　教授

1981年3月　埼玉県生まれ
2009年3月　慶應義塾大学大学院理工研究科開放環境科学専攻　後期博士課程修了
　　　　　　博士（工学）
2010年4月　帝京大学経済学部経営学科　助教
2013年4月　帝京大学経済学部経営学科　講師
2017年4月　青山学院大学経営学部マーケティング学科　准教授　を経て
2024年4月より現職

専門は多変量解析（とくに多次元尺度構成法・クラスター分析法）。

「南極スーパー」のアザラシ先輩のイラストがお気に入り。普段から限定商品に弱いので、第6章の「小魚くんシリーズ」はクリスマス限定派！

 花井　友美（はない　ともみ）
（第6章〜第7章担当）

帝京大学経済学部観光経営学科　准教授

1981年3月　東京都生まれ
2009年3月　千葉大学大学院自然科学研究科情報科学専攻　博士課程修了
　　　　　　博士（学術）
2009年4月　日経メディアマーケティング株式会社
2014年4月　帝京大学経済学部観光経営学科　講師　を経て
2017年4月より現職

専門は消費者行動論、観光心理学。

「南極スーパー」の期待のルーキー！　ペンギンのイラストがお気に入り。
第6章の「小魚くんシリーズ」は圧倒的にピリ辛派！

本文イラスト：サタケシュンスケ

- 本書の内容に関する質問は、オーム社ホームページの「サポート」から、「お問合せ」の「書籍に関するお問合せ」をご参照いただくか、または書状にてオーム社編集局宛にお願いします。お受けできる質問は本書で紹介した内容に限らせていただきます。なお、電話での質問にはお答えできませんので、あらかじめご了承ください。
- 万一、落丁・乱丁の場合は、送料当社負担でお取替えいたします。当社販売課宛にお送りください。
- 本書の一部の複写複製を希望される場合は、本書扉裏を参照してください。

[JCOPY]＜出版者著作権管理機構 委託出版物＞

POSデータで学ぶ
はじめてのマーケティングデータ分析

2024年11月15日　第1版第1刷発行

著　者　横山暁・花井友美
発行者　村上和夫
発行所　株式会社　オーム社
　　　　郵便番号　101-8460
　　　　東京都千代田区神田錦町 3-1
　　　　電話　03(3233)0641(代表)
　　　　URL　https://www.ohmsha.co.jp/

© 横山暁・花井友美 2024

印刷・製本　三美印刷
ISBN978-4-274-23232-9　Printed in Japan

本書の感想募集　https://www.ohmsha.co.jp/kansou/
本書をお読みになった感想を上記サイトまでお寄せください。
お寄せいただいた方には、抽選でプレゼントを差し上げます。

マジわからん シリーズ

「とにかくわかりやすい！」だけじゃなく
ワクワクしながら読める！

今後も続々、発売予定！

田沼 和夫 著
四六判・208頁
定価（本体1800円【税別】）

堀 桂太郎 著
四六判・240頁
定価（本体2000円【税別】）

二宮 崇 著
四六判・224頁
定価（本体2000円【税別】）

大久保 隆夫 著
四六判・176頁
定価（本体1800円【税別】）

もっと詳しい情報をお届けできます．
◎書店に商品がない場合または直接ご注文の場合は右記宛にご連絡ください．

ホームページ https://www.ohmsha.co.jp/
TEL／FAX TEL.03-3233-0643 FAX.03-3233-3440

（定価は変更される場合があります）

F-2403-329